物理学
演習テキスト

—第６版—

物理学演習テキスト
編集委員会 編

学術図書出版社

はじめに

物理学の目的は自然界の基本的な法則と構造を明らかにし, 記述することにあります. このような諸法則は講義において示され, 論じられます. しかし, 受講する側からみるとどうしても受動的になってしまい, その本質的把握にたどり着くのが難しい場合が多いようです. そのため, 自分自身で具体的な例について法則を適用してみることが必要になってきます. また, 自分で問題解決を図ってみて, あらためて諸法則の解説の必要性も出てくることでしょう. つまり, 物理学演習は物理学講義と対となって, 相互に相補う科目といえます.

本書は, 工科系の大学初年度学生を対象としています. 最近では, 理工系大学といえども, 高校時代に物理学をほとんど履修しない, もしくは不十分のまま進学してくる学生も見られるようになりました. そのため, 本来, 演習科目は理論実践の場となりますので, 演習テキストにおける講義的内容の記述は必要最小限にとどめるところですが, 物理学未修学者でもある程度対処できるよう, 各項目ごとに物理学についての初歩的な解説も加えてあります. とはいうものの, 英単語や英文法を知らなければ英会話が成り立たないように, 計算技術がなければ物理的考察もできません. 計算式は, ある意味自然科学の文章, 会話文ともいえます. もちろん, 少々文法を知らなくとも日常会話は成立すると反論もあるでしょうが, 残念ながら物理学に「ブロークン」はありません. 計算技術そのものは物理学の本質ではありませんが, 本質的理解のためには計算技術に習熟することが必要なこともまた事実なのです. あらゆるスポーツの基礎に体力の養成が必要なように, 計算力は理工系の勉強をする上において不可欠な体力です. 演習における学習を通じて, この鍛錬を進めてください. この教材は以上のような観点から編まれているので, 各項目の比率は講義のそれとはやや異なっています. これは, 講義で詳しく論じるべき部分についてはやや薄く, 手を動かしながら理解を深めるべき部分については紙数を厚く配当しているからです.

先に述べたように, 演習科目においてなによりも必要なことは積極的に参加することです. つまり, 提示された問題を自分自身で考え, 自分の手を動かして解くことが要求されます. 教室の内外で友人と相談をし, 議論を繰り返すことは非常に有益です. しかし, 単に答えを写したり暗記しようとするならば, 全く無意味であり, 時間の浪費に過ぎません. また, 演習に臨む態度という点では, 自宅での学習時はもちろんですが, 講義時間の演習に参加する際にも必ず教材, ノート, 筆記用具をもってこなくてはいけません. これら必須の道具を忘れて教室に現れることは問題外ですし, 参加する資格を自ら放棄しているといえます. 物理学の講義で使用している教科書およびノートも併せて手元におくことを勧めます.

電卓類は必需品です. もちろん, 関数電卓が必要となります. 最近では, 携帯電話を時計代わり, 電卓代わりにする学生が多く見られますが, 三角関数, 自然対数の計算ができなければ意味がありません. では, なぜ電卓が必要なのでしょうか. それは, 自然科学を学ぶわけですから, 現実的な数値から現実的な結果が導かれているのかを検証する態度が大切だからです．惑星の質量が100 kgだったり，自動車の速度が1000 m/sになった場合は，明らかに何かが間違っています．ただ，数値計算のときに無批判に電卓に頼りすぎないようしてください．数値計算では，単位をそろえることや10の何乗かというようなことをきちんと押さえた上で電卓を使う必要があります．また，有効数字を無視して電卓の表示窓の桁を全部書いたり，非正規な表現を使うことも避けるべきでしょう．有効な数値について身につけようと考えるならば，さらに物理学実験を学ぶことを勧めます．

解答を記述する際には，たとえ自宅学習であったとしても次のような点に留意してください．

- 丁寧にきれいに記述するよう心がけてください．「きれいに」とは字の上手下手ではなく，自分以外の人が読むことを意識して書くということです．
- 論旨を明確に記述してください．レポート課題を出してみると，数式のみを書き連ねた「数式性失語症」のレポートが多く見られます．「～から～が導かれ，一方～の式から，～となるので…」のように，それぞれの式や数値の相互関係を明確に示す努力をしてください．
- 考察する，説明する際に，図を描くことは非常に重要です．問題を正しく理解していなければ図は描けません．そういった意味もあって，本書では意図的に図を少なくしています．これは，問題文を読解して図を描く作業の重要性を認識してもらうためです．
- 結論を明示してください．もちろん，結論に至る過程は重要です．しかし，最終的に何がわかったのか判然としなければ，考察してきた意味がなくなってしまいます．

各章はおおむね演習の1時限分に相当するように編纂されています．したがって，章単位で学習していくとよいでしょう．しかし，それぞれの分量は1時限ですべてこなすには，やや多めかもしれません．また，問題の配列も「易から難」へ移るようにはしましたが，それほど厳密なわけでもありません．理解できそうな問題から確実に解決していくことが重要です．そういった意味では，各自，担当教員の指示にしたがいながら学習を進めていくとよいでしょう．本書の演習を繰り返すことにより，少しでも多くの学生が物理学の理解を深めることができたならば幸いです．

最後となりましたが，本書を準備するに当たって，工学院大学物理学教室の諸先生方，演習を担当されている先生方からは多くの有益なご助言をいただきました．また，学術図書出版社の高橋秀治氏のご助力なしには，本書の出版はありませんでした．この場をお借りして，心より感謝申し上げます．

2002年2月
編者しるす

目次

1 単位系, 次元

演習のねらい

- **SI** 単位系による物理量の表現を確かなものにする.
- 「物理学的次元」を正しく理解し, 正しく換算できるようにする.
- **SI** 接頭語の使い方に慣れる.

§ 1.1 単位と単位系

物理量 (amount of substance) とは実験的に値が測定できる量である. 長さ, 時間, 質量, 力, エネルギー, 温度, 電気抵抗などは物理量である. 物理量を測るには基準となる**単位** (unit) が必要であり, 様々な物理量を表現するために選ばれた**基本単位** (fundamental unit) をまとめて**単位系** (system of units) と呼んでいる. 歴史的には, 各国, 地域によって独自の単位系が用いられてきた (日本における尺貫法などがそれにあたる) が, 現在は国際的な統一単位系である **SI 単位系** (国際単位系: International System of Units, Système International d'Unités) が使われている (28.1 節参照).

§ 1.2 次元

物理量の単位は基本単位のベキの積で表すことができる. この基本単位によって表される性質を**次元** (dimension) といい, このときのベキ指数を次元数と呼ぶ.

物理量は単位をもっているので, 物理量同士の等式,

$$a = b \tag{1-1}$$

は, a と b の数値が一致しているだけではなく, a と b の次元も一致していなくてはいけない.

このことから, 物理量の間の関係を導くことができる. たとえば, 振り子の周期 T を考える. T を決めるにはいろいろな量が関係していると考えられるが, 実験をしてみた結果, 場所やおもりの重さなどには関係しないことがわかったとしよう. すると, T の値は, ひもの長さ ℓ と重力加速度 g にのみ支配されることになるので, 関係式として,

$$T \propto \sqrt{\frac{\ell}{g}} \qquad \leftrightarrow \qquad [\mathrm{s}] = \sqrt{\frac{[\mathrm{m}]}{[\mathrm{m/s^2}]}} \tag{1-2}$$

が推測される（$\propto$ は比例するという記号）．実際これは正しい．このような考え方を**次元解析** (dimensional analysis) と呼ぶ．なお，次元解析では比例係数まで求めることはできない．今の場合，理論的には比例係数は 2π であり，実験的にもそのような値が得られる．つまり，$T = 2\pi\sqrt{\ell/g}$ である．

ここでは初学者が混乱しないように，わざと次元と単位という言葉をルーズに使っている．力学で現れる物理量は，長さ (Length)，質量 (Mass)，時間 (Time) の次元をもっている．次元を表すには，これらの頭文字 L, M, T を使う．そして,「加速度の次元は L^1T^{-2} である」，あるいは,「加速度の長さ，質量，時間に関する次元は 1, 0, -2 である」といった表現をする．次元を具体的に測るためには単位が必要である．たとえば，SI 単位系における長さの次元の単位は [m] である．

例題 1.1

質量 m の質点を高さ h から初速度 0 で落下させたら時間 t 後に地上に落下した．重力加速度は g である．次元解析により，落下時間 t の他の量に対する依存性を決めよ．

考え方

時間 t を決めるのは，この現象に関係している物理量だけであるはずである．したがって，状況を良く眺めてみれば，怪しげな未知の力や魔力は存在しないのであるから，

t は m, h, g だけで決まる

はずである．そこで，これらの関係として，

$$t = m^\alpha h^\beta g^\gamma$$

という関係式を仮定する．ここで，α, β, γ はこれから決める数である．厳密にいえば，この式は $t = Cm^\alpha h^\beta g^\gamma$ と書くべきであろう．ここで C は，2 とか $\sqrt{5}/2$，あるいは π といった「数」の定数である．しかし，どのみち次元解析にはこの比例係数 C を決める能力はないので省略する．

物理学では，等式は両辺の単位が等しいことを意味する．そのことを利用して α, β, γ を決定する．

解法

時間 t は質量 m，高さ h，重力加速度 g によってのみ決まるのであるから，

$$t = m^\alpha h^\beta g^\gamma$$

という関係式を仮定する．上の式が成り立つためには，t, m, h, g の単位を考えると，

$$[\mathrm{s}] = [\mathrm{kg}]^\alpha\,[\mathrm{m}]^\beta\,[\mathrm{m/s^2}]^\gamma$$

となる．この右辺を質量 [kg]，長さ [m]，時間 [s] についてまとめると，

$$[\mathrm{s}] = [\mathrm{kg}]^{\alpha}\,[\mathrm{m}]^{\beta+\gamma}\,[\mathrm{s}]^{-2\gamma}$$

となる．これから，右辺と左辺が等しいためには，

$$\begin{cases} \mathrm{kg:} & 0 = \alpha \\ \mathrm{m:} & 0 = \beta + \gamma \\ \mathrm{s:} & 1 = -2\gamma \end{cases}$$

が要求される．この連立方程式は容易に解けて，

$$\alpha = 0, \quad \beta = \frac{1}{2}, \quad \gamma = -\frac{1}{2}$$

を得る．これから時間 t は，

$$t = \sqrt{\frac{h}{g}}$$

となる．より正確には (次元をもたない) 比例定数 C を付加して，

$$t = C\sqrt{\frac{h}{g}}$$

となる．

例題 1.1 終わり

例題 1.1 を力学を使って正しく計算すれば，

$$t = \sqrt{\frac{2h}{g}}$$

となる．つまり，$C = \sqrt{2}$ であるが，単位を考察するだけでこれだけのことがわかるのである．

例題 1.2

時速 36 km を秒速で表せ．

考え方

単位換算は，わかっているようで勘違いをしてしまいがちである．このような場合，換算の様子を明確に示していきながら計算をする．この場合，変換するのは距離に関する情報 $1\,\mathrm{km} = 1000\,\mathrm{m}$ と時間に関する情報 1 時間 $= 60$ 分 $= 60 \times 60\,\mathrm{s}$ である．

解法

求める速さは $v = 36\,\mathrm{km/h}$ であるので，距離の情報と時間の情報を考慮して計算すると，

$$v = \left(36\frac{\mathrm{km}}{\mathrm{h}}\right)\cdot\left(1\frac{\mathrm{km}}{\mathrm{km}}\right)\cdot\left(1\frac{\mathrm{h}}{\mathrm{h}}\right) = \left(36\frac{\mathrm{km}}{\mathrm{h}}\right)\cdot\left(\frac{1000\,\mathrm{m}}{1\,\mathrm{km}}\right)\cdot\left(\frac{1\,\mathrm{h}}{60\times 60\,\mathrm{s}}\right) = 10\left(\frac{\mathrm{m}}{\mathrm{s}}\right)$$

例題 **1.2** 終わり

確認と演習の準備 ●●●

- SI 単位系による物理量の表現を確かなものにする．

1．次の各物理量に関する説明から，SI 単位系の基本単位である長さ [m]，質量 [kg]，時間 [s] を用いて，それぞれの単位を表せ（28.1 節参照．詳しい説明はあとの節で学ぶ）．また，それぞれに誘導単位がある場合，それらも示せ．

(a) 速度（単位時間に進む距離）
(b) 加速度（単位時間あたりの速度の変化）
(c) 力（質量と加速度の積）
(d) 仕事（力と動かした距離の積）
(e) 仕事率（単位時間当たりの仕事）
(f) 運動量（質量と速度の積：$\vec{p} = m\vec{v}$）
(g) 角運動量（位置ベクトルと運動量ベクトルの外積：$\vec{\ell} = \vec{r} \times \vec{p}$）

[(a) m/s, (b) $\mathrm{m/s^2}$, (c) $\mathrm{kg \cdot m/s^2}$, N, (d) $\mathrm{kg \cdot m^2/s^2}$, J, (e) $\mathrm{kg \cdot m^2/s^3}$, W, (f) $\mathrm{kg \cdot m/s}$, (g) $\mathrm{kg \cdot m^2/s}$]

- 「物理学的次元」を正しく理解し，正しく換算できるようにする．

1．時速 60 km は秒速いくらか．

[16.7 m/s]

2．20 m/s は時速何 km か．25 m/s はどうか．

[72 km/h, 90 km/h]

- SI 接頭語の使い方に慣れる．

1．28.1 節を参考にして，以下の文章の空白を埋めよ．

(a) SI 単位系において，長さの基本単位は [m] である．1 m の 1/1,000 は 1 mm であり，1 mm の 1/1,000 は ☐ μm である．また，1 m の 1,000 倍は ☐ km である．
(b) SI 単位系において，質量の基本単位は [kg] である．1 kg は 1 g の ☐ 倍であり，1 mg は 1 kg の ☐ 倍である．
(c) SI 単位系において，時間の基本単位は [s] である．1 ms は 1 s の ☐ 倍であり，1 μs は 1 s の ☐ 倍である．また，1 ns は 1 ms の ☐ 倍である．

[(a).1, 1, (b).1, 000, 1/1, 000, 000, (c).1/1, 000, 1/1, 000, 000, 1/1, 000, 000]

演習問題

—A: 基礎編—

問 1.1 次の等式を完成せよ．

(1) $\boxed{}$ nm = $\boxed{}$ mm = 1 m = $\boxed{}$ km

(2) $\boxed{}$ J = 1 kJ = $\boxed{}$ MJ

(3) 1 μC = $\boxed{}$ mC = $\boxed{}$ C

問 1.2 身近なものを使って，次の量のおおよその大きさを説明せよ．

(1) 質量: 1 g,　1 kg,　1,000 kg

(2) 長さ: 10 μm,　1 cm,　, 1 m,　200 km

(3) 速さ: 2 m/s,　20 m/s,　300 m/s

(4) 力: 1 N,　500 N

— B: 応用編 —

問 1.3 $v = a \sin 2\pi(bt)$ という式がある．この式で v は速度，t は時間を表している．a, b の SI 単位系での単位を示せ．

問 1.4 仮に，長さ（単位：m），質量（単位：kg），速さ（単位：v）を力学の基本単位として選択した場合，

(1) 時間,

(2) 加速度,

(3) 力,

を基本単位を用いて表せ．

問 1.5 28.1 節を参照しながら，次元解析により，以下の物理量の間の関係を導け．

(1) 粘性流体中を動く球に働く抵抗力 F [N] を求めよ．この力は，球の半径 r [m]，球の速度 v [m/s]，流体の粘性係数 η [Pa · s] により決まる．

(2) 惑星の周期 T [s] と軌道半径 R [m] の関係を求めよ．惑星の運動に関係するのは，太陽の質量 M [kg] と万有引力定数 G [N · m^2/kg^2] である（ケプラーの第 3 法則，6.3 節参照）．

問 1.6 ある学生が，ばね定数 k のばねに質量 m の質点をつけたときの振動の周期 T を，

$$T = 2\pi\sqrt{\frac{k}{m}}$$

と答えた．正誤を答え，その理由を述べよ．

[ヒント] ばね定数 k の単位をを **SI** 系の基本単位で表すと，kg/s^2 となる．

問 1.7 28.2 節を参考にして以下の問に答えよ．

(1) ギリシャ文字の小文字をすべて書き，標準的な読みをカタカナで書け（あいまいな

字体で書かないこと）．

(2) ギリシャ文字の大文字のうち，書体が英字のアルファベットと異なるものをすべて答えよ．

(3) 「αは放射線の一種であるα線を表す」のようにギリシャ文字を使って表すのが慣用になっているものやことがらを3つ以上答えよ．

2 ベクトル

演習のねらい

- ベクトルとスカラーの違いを理解する.
- ベクトル演算に慣れる.

§ 2.1 スカラーとベクトル

物理量の中には質量のように大きさのみをもつものと，速度や力などのように大きさと向きをもつものがある．前者を**スカラー** (scalar)，後者を**ベクトル** (vector) と呼ぶ．本テキストでは，ベクトルを $\vec{A}$ のように矢印をつけることによって表し[1]，その大きさを A あるいは $|\vec{A}|$ のように記すことにする．

任意のベクトル $\vec{A}$ に任意のスカラー a を掛けたもの $a\vec{A}$ はベクトルであり，その大きさはベクトル $\vec{A}$ の大きさ A の a 倍になっている．したがって，任意のベクトル $\vec{A}$ に 0 を掛けてできたベクトルの大きさは 0 である．このような大きさが 0 であるベクトルは零ベクトルと呼ばれる．

任意のベクトル $\vec{A}$ から任意のベクトル $\vec{B}$ を引くためには，ベクトル $\vec{B}$ を (-1) 倍し，ベクトル $\vec{A}$ との和をとればよい．すなわち，

$$\vec{A} - \vec{B} = \vec{A} + (-1)\vec{B} \tag{2-1}$$

である．

§ 2.2 ベクトルの成分

ベクトルを定量的に表すためには座標を導入する必要がある．たとえば，**直交座標** (orthogonal coordinates) を用いてベクトル $\vec{A}$ を表すならば，

$$\vec{A} = (A_x, A_y, A_z) = A_x\vec{e_x} + A_y\vec{e_y} + A_z\vec{e_z} \tag{2-2}$$

となる．ここで，A_x, A_y, A_z はそれぞれベクトル $\vec{A}$ の x, y, z 成分と呼ばれる．また，$\vec{e_x}$, $\vec{e_y}$, $\vec{e_z}$ は x, y, z 軸方向の**単位ベクトル** (unit vector) であり，その大きさは 1 である．

[1] **A** のようにボールド体で表現する場合もある．

ピタゴラスの定理により，ベクトル $\vec{A}$ の大きさは各成分を用いて，

$$A = |\vec{A}| = \sqrt{A_x^2 + A_y^2 + A_z^2} \tag{2-3}$$

となる．

ベクトルを矢印と考えると，数学で学んだ平行四辺形の規則で合成，分解ができる．この性質を利用して力や速度などを各成分に分けたり，複数のベクトルを1つに合成して考えることがある．

また，ある曲線を考えたとき，ベクトルの成分をその曲線に沿った方向とそれに垂直な方向に分解することがある．これを**接線成分** (tangential part)，**法線成分** (normal part) と呼び，ベクトル $\vec{V}$ について V_{t}，V_{n} と記す．曲面に関しても同じような言葉を使う．

例題 2.1

ある都市では夏には気温が +30 °C を越え，冬には −10 °C を下回ることもあるという．気温（温度）には + や − の符号がつくのだが，温度はベクトル量なのであろうか．

考え方

温度で使用している + や − の記号は，0°C に対して「大きい」のか「小さい」のかを表している．方角を表す「西」や「東」がもつ「方向」とは全く異なった意味をもっている．スカラーは，ときには + であったり − であったりする．+ や − があるからといって必ずベクトルである必要はない．

解法

気温（温度）でいうところの + と − は，0°C に対しての大小を表しているだけである．温度はスカラーである．

例題 2.1 終わり

§ 2.3　ベクトルの内積

2つのベクトル $\vec{A}, \vec{B}$ の**内積** (inner product) を，

$$\vec{A}\cdot\vec{B} = \begin{cases} |\vec{A}||\vec{B}|\cos\theta & \cdots \ \text{図形的定義} \\ A_xB_x + A_yB_y + A_zB_z & \cdots \ \text{成分による定義} \end{cases} \tag{2-4}$$

と定義する．ベクトルの内積は，その計算結果がスカラーとなることから**スカラー積** (scalar product) とも呼ばれる．

ベクトルの内積には次のような性質がある．

$$\text{交換則} \quad \cdots \quad \vec{A}\cdot\vec{B} = \vec{B}\cdot\vec{A}$$
$$\text{分配則} \quad \cdots \quad \vec{A}\cdot(\vec{B}+\vec{C}) = \vec{A}\cdot\vec{B} + \vec{A}\cdot\vec{C}$$

$$\vec{A}\perp\vec{B} \qquad \Leftrightarrow \qquad \vec{A}\cdot\vec{B} = 0$$

§ 2.4　ベクトルの外積

2つのベクトル $\vec{A}$, $\vec{B}$ の**外積** (outer product) を,

$$\vec{A}\times\vec{B}=\begin{cases}\begin{cases}\text{大きさ:}\ |\vec{A}||\vec{B}|\sin\theta\\ \text{方向}\ :\ \vec{A},\vec{B}\text{それぞれに対して垂直} & \cdots\ \text{図形的定義}\\ \text{向き}\ :\ \vec{A}\text{から}\vec{B}\text{に右ネジを回した向き}\end{cases}\\ (A_yB_z-A_zB_y,A_zB_x-A_xB_z,A_xB_y-A_yB_x)\ \cdots\ \text{成分による定義}\end{cases}\tag{2-5}$$

と定義する．ベクトルの外積は，その計算結果がベクトルとなることから**ベクトル積** (vector product) とも呼ばれる．

ベクトルの外積には次のような性質がある．

$$\vec{A}\times\vec{B}=-\vec{B}\times\vec{A}$$
$$\vec{A}\times\vec{A}=0$$
$$\vec{A}\cdot(\vec{A}\times\vec{B})=\vec{B}\cdot(\vec{A}\times\vec{B})=0$$

例題 2.2

ベクトル $\vec{r}$ の大きさは $r=100$，x 軸からの角度が $60°$ である．ベクトル $\vec{r}$ を成分で表示せよ．

考え方

ベクトルを成分で表示する場合，座標系を決める必要がある．通常は，x-y 座標系を用いる．この場合，座標系は設定されているためこれを用いる．大きさが r，x 軸との角度が θ であるならば，ベクトルの成分表示は，$(x,y)=(r\cos\theta,r\sin\theta)$ である．

解法

ベクトル $\vec{r}$ の大きさが $r=100$，x 軸からの角度が $\theta=60°$ なので，

$$x=100\sin(60°)=100\times\frac{1}{2}=50$$
$$y=100\cos(60°)=100\times\frac{\sqrt{3}}{2}=50\sqrt{3}$$

となる．したがって，$\vec{r}=(50,86.6)$ である．

例題 2.2 終わり

確認と演習の準備 ●●●

- ベクトルとスカラーの違いを理解する．
- ベクトル演算に慣れる．

  1. 次のベクトル $\vec{A}$, $\vec{B}$,

     (a) $\vec{A}=(3,0,0)$, $\vec{B}=(0,4,0)$

     (b) $\vec{A}=(0,3,0)$, $\vec{B}=(0,3,0)$

     (c) $\vec{A}=(1,2,3)$, $\vec{B}=(2,3,5)$

(d) $\vec{A} = (2,2,2)$, $\vec{B} = (-2,-2,-2)$

について，

(1) $\vec{A}+\vec{B}$, $\vec{A}-\vec{B}$, $\vec{A}\cdot\vec{B}$, $\vec{A}\times\vec{B}$ を求めよ．

$$\left[\begin{array}{l}\text{(a) } (3,4,0),(3,-4,0),0,(0,0,12) \\ \text{(b) } (0,6,0),(0,0,0),9,(0,0,0) \\ \text{(c) } (3,5,8),(-1,-1,-2),23,(1,1,-1) \\ \text{(d) } (0,0,0),(4,4,4),-12,(0,0,0)\end{array}\right]$$

(2) 2つのベクトルのなす角を θ とした場合の $\cos\theta$ と $\sin\theta$ を求めよ．

$$\left[\ \text{(a) } 0,1,\quad \text{(b) } 1,0,\quad \text{(c) } \sqrt{529/532},\sqrt{3/532},\quad \text{(d) } -1,0\ \right]$$

2. $\vec{A} = (a_x,a_y,a_z)$, $\vec{B} = (b_x,b_y,b_z)$, $\vec{C} = (c_x,c_y,c_z)$ とし，

(a) $\vec{A}\cdot\vec{B} - \vec{B}\cdot\vec{A} = 0$

(b) $\vec{A}\times\vec{B} + \vec{B}\times\vec{A} = 0$

(c) $\vec{A}\cdot(\vec{B}+\vec{C}) = \vec{A}\cdot\vec{B} + \vec{A}\cdot\vec{C}$

(d) $\vec{A}\times(\vec{B}+\vec{C}) = \vec{A}\times\vec{B} + \vec{A}\times\vec{C}$

を確認せよ．

[略]

演習問題●●● —A: 基礎編—

問 2.1 スカラーである物理量，ベクトルである物理量をそれぞれ3つずつ挙げよ．

問 2.2 次の式の誤りを正せ．

$$m\frac{d^2\vec{r}}{dt^2} = \sum F$$

問 2.3 ベクトル $\vec{A} = (4,5,6)$ が x, y, z 軸とそれぞれなす角の大きさを求めよ．

問 2.4 点 O, A, B はそれぞれ，$(0,0,0)$, $(5,0,0)$, $(3,3,0)$ である．三角形 OAB の面積が，ベクトル $\overrightarrow{\mathrm{OA}}$ とベクトル $\overrightarrow{\mathrm{OB}}$ の外積の大きさ $|\overrightarrow{\mathrm{OA}}\times\overrightarrow{\mathrm{OB}}|$ の半分に等しいことを確認せよ．

問 2.5 点 O, A, B はそれぞれ，$(0,0,0)$, $(3,2,6)$, $(-1,-1,-1)$ である．三角形 OAB の面積を求めよ．

— B: 応用編 —

問 2.6　2つのベクトル，

$$\vec{A} = 5\vec{e_x} + 3\vec{e_y} + 2\vec{e_z}$$
$$\vec{B} = 2\vec{e_x} - 4\vec{e_y} + 2\vec{e_z}$$

がある．次のそれぞれの量を求めよ．

(1)　$\vec{A} + \vec{B}$

(2)　$\vec{A} - \vec{B}$

(3)　$5\vec{A}$

(4)　$a\vec{A} + b\vec{B}$　　(a, b : 任意の実数)

(5)　$\vec{A} \cdot \vec{B}$

(6)　$\vec{A} \times \vec{B}$

問 2.7　3次元空間において，ベクトル $\vec{A}, \vec{B}, \vec{C}, \vec{D}$ は互いに平行ではないとする．

(1)　$(\vec{A} \times \vec{B})^2 + (\vec{A} \cdot \vec{B})^2$ を求めよ．

(2)　$\vec{A} \times (\vec{B} \times \vec{C}) = (\vec{A} \cdot \vec{C})\vec{B} - (\vec{A} \cdot \vec{B})\vec{C}$ を示せ．

(3)　$\vec{A} \cdot (\vec{B} \times \vec{C}) = \vec{B} \cdot (\vec{C} \times \vec{A}) = \vec{C} \cdot (\vec{A} \times \vec{B})$ を示せ．

(4)　$(\vec{A} \times \vec{B}) \cdot (\vec{C} \times \vec{D}) = (\vec{A} \cdot \vec{C})(\vec{B} \cdot \vec{D}) - (\vec{A} \cdot \vec{D})(\vec{B} \cdot \vec{C})$ を示せ．

問 2.8　ベクトル $\vec{A}, \vec{B}, \vec{C}$ が互いに平行でない場合，$(\vec{A} \times \vec{B}) \cdot \vec{C}$ の絶対値が，$\vec{A}, \vec{B}, \vec{C}$ のつくる平行六面体の体積に等しいことを示せ．

問 2.9　3次元空間において，z 軸の周りの回転角 θ の回転によってベクトル $\vec{A}, \vec{B}$ は，

$$\vec{A}' = (A'_x, A'_y, A'_z) = (A_x \cos\theta + A_y \sin\theta, -A_x \sin\theta + A_y \cos\theta, A_z)$$
$$\vec{B}' = (B'_x, B'_y, B'_z) = (B_x \cos\theta + B_y \sin\theta, -B_x \sin\theta + B_y \cos\theta, B_z)$$

と変換される．

(1)　スカラー積が不変であることを示せ．

(2)　$(\vec{A} \times \vec{B})' = \vec{A}' \times \vec{B}'$ を示せ（左辺は，外積を計算した後で回転をしたという意味）．

問 2.10　地上にある質量 m の物体には大きさ mg，向きは鉛直下向きの重力が働く．

(1)　天井に一端を固定した伸び縮みしないひもに質量 m の質点が結びつけられている（振り子）．ひもが鉛直線に対し角度 θ をもつとき，質点に働く重力をひもの方向とひもに垂直な方向に分解し，それぞれの成分の大きさを求めよ．

=-= 注 =-=　前者の成分はひもの張力と打ち消しあい，後者が振り子を振動させる力となる．

(2)　水平面と角度 θ をなす斜面の上に質量 m の質点が静止している．質点に働く重力（大きさ mg で鉛直下向き）を斜面に平行な方向と垂直な方向に分解し，それぞれの成分の大きさを求めよ．

=-= 注 =-=　これらの成分は摩擦力，抗力と打ち消しあう．

3 速度，加速度

演習のねらい

- 位置，速度，加速度の関係を理解，確認する．
- 微分演算，積分演算に慣れる．

物理量	記号	単位	
時間	t	[s]	(秒)
位置 (座標)	x	[m]	(メートル)
速さ	v	[m/s]	
加速度	a	[m/s^2]	
位置ベクトル	$\vec{r}$	[m]	
速度（ベクトル）	$\vec{v}$	[m/s]	
加速度（ベクトル）	$\vec{a}$	[m/s^2]	

§ 3.1　位置

固定された点Oを原点とし，そこを通って互いに直交する3つの直線を座標軸として考える．質点Pの位置は，Pから各座標軸におろした垂線の足と原点との間の距離を示す**座標** (coordinates) と呼ばれる3つの値 x, y, z によって表すことができる．これが，**直交座標** (orthogonal coordinates) または**デカルト座標** (Cartesian coordinates) である．

位置ベクトルはある点Pに関する原点からの距離，方向を一意的に示すものである．そのため，n 次元において位置ベクトルは n 個の成分をもつ．いま，点Pが3次元の直交座標で (x, y, z) と表される位置にあるとすると，点Pの位置ベクトル $\vec{r}$ は，

$$\overrightarrow{\mathrm{OP}} = \vec{r} = (x, y, z) \tag{3-1}$$

と表される．

§ 3.2　速度

適当な基準座標系で，時刻 t における質点の位置ベクトルを $\vec{r}$ とすると，時刻 $t' = t + \Delta t$ での位置ベクトルは $\vec{r}' = \vec{r} + \Delta\vec{r}$ となる．ここで，$\Delta\vec{r} = \vec{r}' - \vec{r}$ を**変位ベクトル** (displacement

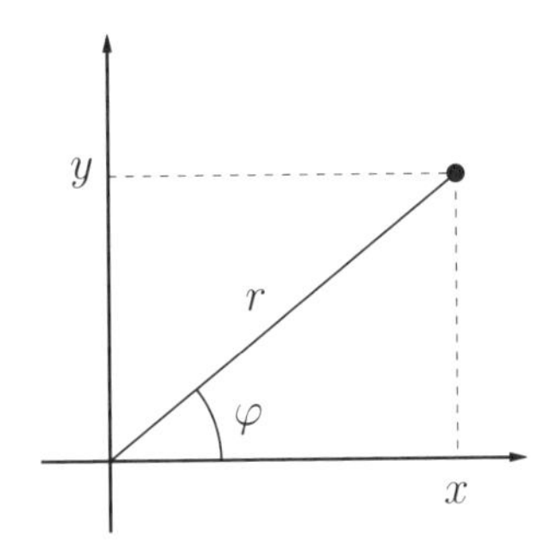

図 3-1: 2 次元の極座標

vector) という．**速度** (velocity) $\vec{v}$ は，

$$\vec{v} = \lim_{\Delta t \to 0} \frac{\Delta \vec{r}}{\Delta t} = \frac{d\vec{r}}{dt} \tag{3-2}$$

で定義される．直交座標では $\vec{r} = (x, y, z)$ であるから，速度の各成分は，

$$\vec{v} = (v_x, v_y, v_z) = \left(\frac{dx}{dt}, \frac{dy}{dt}, \frac{dz}{dt} \right) \tag{3-3}$$

となる．速度の大きさは**速さ** (speed) と呼ばれ，

$$v = |\vec{v}| = \sqrt{v_x^2 + v_y^2 + v_z^2} \tag{3-4}$$

である．

§ 3.3　加速度

加速度 (acceleration) $\vec{a}$ は速度の時間的変化率を表しており，

$$\vec{a} = \lim_{\Delta t \to 0} \frac{\Delta \vec{v}}{\Delta t} = \frac{d\vec{v}}{dt} = \frac{d^2\vec{r}}{dt^2} \tag{3-5}$$

で表される．したがって，直交座標における加速度ベクトルの各成分は，

$$\vec{a} = (a_x, a_y, a_z) = \left(\frac{d^2x}{dt^2}, \frac{d^2y}{dt^2}, \frac{d^2z}{dt^2} \right) \tag{3-6}$$

となる．その大きさは，

$$a = |\vec{a}| = \sqrt{a_x^2 + a_y^2 + a_z^2} \tag{3-7}$$

である．

§ 3.4　極座標

考察する問題によっては直交座標以外の座標系を利用する方が適切な場合がある．ここでは円運動などを扱う際にしばしば使われる**極座標** (polar coordinates) を導入する．2 次元における極座標 (r, φ) と直交座標 (x, y) の関係は図 3-1 に示す通りである．この座標系で

の速度と加速度は以下のようになる．

$$\text{速　度} \cdots (v_r, v_\varphi) = \left(\frac{dr}{dt}, r\frac{d\varphi}{dt}\right) \tag{3-8}$$

$$\begin{aligned}\text{加速度} \cdots (a_r, a_\varphi) &= \left(\frac{d^2r}{dt^2} - r\left(\frac{d\varphi}{dt}\right)^2, 2\frac{dr}{dt}\frac{d\varphi}{dt} + r\frac{d^2\varphi}{dt^2}\right) \\ &= \left(\frac{d^2r}{dt^2} - r\left(\frac{d\varphi}{dt}\right)^2, \frac{1}{r}\frac{d}{dt}\left(r^2\frac{d\varphi}{dt}\right)\right)\end{aligned} \tag{3-9}$$

円運動では $r =$ (一定) であるから，角速度を $\omega = d\varphi/dt$ で表すと，

$$a_r = -r\omega^2, \qquad a_\varphi = r\frac{d\omega}{dt} \tag{3-10}$$

となる．特に，等速円運動では $\omega =$ (一定) であるため，

$$a_r = -r\omega^2, \qquad a_\varphi = 0 \tag{3-11}$$

となり，加速度は円の中心を向くことになる．

例題 3.1

x 軸上を運動する質点の位置が $x(t) = 6t - 5t^2$ で与えられるとき，速度 v を計算せよ．この結果から，$v = 0$ になる時間 t_1 を求め，位置座標 x はこのとき最大になることを示し，その値 x_1 を求めよ．

考え方

位置，速度，加速度の基本関係を絶対に忘れないこと．この 1 つが時間の関数として与えられたならば，他は微分あるいは積分で計算できる．

$$x(t) \Rightarrow v(t) = \frac{dx}{dt} \Rightarrow a(t) = \frac{dv}{dt}$$

$$a(t) \Rightarrow v(t) = \int a\,dt \Rightarrow x(t) = \int v\,dt$$

もちろん，微分・積分ができないようでは話にならない．数学をきちんと勉強してほしい．数学では，なぜ，そのような微分公式がでてくるかという証明や，微分できるかどうかということ自体を問題にするが，物理学では数学の結果を計算規則として利用するだけである（質点の座標は微分可能である）．数学で学んだ公式を掛け算の九九と同じように利用して式を計算すればよい．

解法

与えられた $x(t)$ から，

$$v(t) = \frac{dx}{dt} = 6 - 10t$$

$v = 0$ とおくと，$t_1 = 0.6$ を得る．$t < t_1$ では $v > 0$, $t > t_1$ では $v < 0$ だから，この質点の運動は $t < t_1$ の間は右（x 軸の正の方向）に運動し，$t > t_1$ の間は左（x 軸の負の方向）

に運動していることになる．したがって，このときが x の最大値になる．そのときの値は $x_1 = x(t = 0.6) = 1.8$ である．

例題 3.1 終わり

確認と演習の準備 ●●●

- 位置，速度，加速度の関係を理解，確認する．

1. 位置ベクトルを $\vec{r}$ としたならば，速度，加速度はどのように表されるか．

$[\dfrac{d\vec{r}}{dt}, \dfrac{d^2\vec{r}}{dt^2}]$

2. 時速 60 km の車は，6 秒間にどれだけ進むか．

[100 m]

3. 時速 100 km の車が 100 m 進むためには何秒かかるか．

[3.6 s]

4. 真空中で，光速はおよそ 3×10^8 m/s であり，1 s に地球を 7 周半回ることができるという．地球の半径はおよそ何 km か．

[6.4 km]

5. あるデータ収集系の電気信号は 1 m 進むのに，5 ns かかるという．信号が伝達する速さはいくらか．

[2×10^8 m/s]

- 微分演算，積分演算に慣れる．

1. 次の式の x についての 1 階微分，2 階微分を計算せよ．ただし，a, b, c は定数とする．

(1) $f(x) = ax$
(2) $f(x) = ax^3 + bx + c$
(3) $f(x) = ax^n$
(4) $f(x) = \dfrac{1}{bx + c}$
(5) $f(x) = a\sin(x)$
(6) $f(x) = a\cos(bx + c)$
(7) $f(x) = \exp(x)$
(8) $f(x) = a\exp(bx + c)$

$$\left[\begin{array}{l} (1)\ a, 0, (2)\ 3ax^2 + b, 6ax, (3)\ anx^{n-1}, an(n-1)x^{n-2}, \\ (4)\ -b/(bx+c)^2, 2b^2/(bx+c)^3, (5)\ a\cos(x), -a\sin(x), \\ (6)\ -ab\sin(bx+c), -ab^2\cos(bx+c), (7)\ \exp(x), \exp(x), \\ (8)\ ab\exp(bx+c), ab^2\exp(bx+c) \end{array}\right]$$

2. 次の式の計算をせよ（積分定数を C とする）．

(1) $\int x^n\,dx \qquad (n \neq 1)$

(2) $\int ax^n\,dx \qquad (n \neq 1)$

(3) $\int \dfrac{dx}{x}$

(4) $\int \dfrac{dx}{x+a}$

(5) $\int \sin x\,dx$

(6) $\int \cos x\,dx$

(7) $\int e^x\,dx$

$$\left[\begin{array}{l}(1)\ \dfrac{x^{n+1}}{n+1}+C, (2)\ \dfrac{ax^{n+1}}{n+1}+C, (3)\ \log|x|+C, \\ (4)\ \log|x+a|+C, (5)\ -\cos x+C, (6)\ \sin x+C, \\ (7)\ e^x+C\end{array}\right]$$

演習問題●●●

—A: 基礎編 —

問 3.1　次の関数の t についての 1 次導関数，2 次導関数を求めよ．

(1)　$x(t) = at^2 + bt + c$,

(2)　$x(t) = a\sin(bt + c)$,

(3)　$x(t) = a\exp(bt + c)$,

ただし，a, b, c は定数である．

問 3.2　次の関数を求めよ．

(1)　$v(t) = \int at^n\,dt \qquad (v(0) = v_0)$,

(2)　$v(t) = \int a\sin t\,dt \qquad \left(v\left(\dfrac{\pi}{2}\right) = 0\right)$,

(3)　$v(t) = \int e^t\,dt \qquad (v(-\infty) = 0)$,

ただし，a は定数である．

問 3.3　自動車が止まった状態から一定の加速度 $a = 4.0\,\mathrm{m/s^2}$ で加速をした．12 秒後の速さを求めよ．

問 3.4　ある旅客機は静止状態から離陸するまでに一定の加速度 $a = 2.3\,\mathrm{m/s^2}$ で 34 秒間滑走する．離陸するまでに滑走する距離はいくらか．

問 3.5　時速 60 km で走っていた車が，一定の加速度で減速をして 40 m を走行して止まった．このときの加速度を求めよ．

— B: 応用編 —

問 3.6　質点の位置が時間の関数として，

(1) $x(t) = \alpha t^2$
(2) $x(t) = \alpha t^3 - \beta t$
(3) $x(t) = A\cos(\omega t)$
(4) $x(t) = Ae^{-ct}$
(5) $x(t) = Ae^{-ct}\sin\omega t$

と表されるとき，質点の速度，加速度を表す式を求めよ．また，横軸を時間 t とした，それぞれの速度と加速度をグラフで図示せよ．ただし，$\alpha, \beta, \omega, c, A$ は任意の正の定数とする．

問 3.7　角速度 ω，半径 r の等速円運動において，円の中心を原点とする直交座標 $\vec{r} = (x, y)$ を選ぶ．

$$\vec{r} = (x, y) = (r\cos(\omega t), r\sin(\omega t)) \tag{3-12}$$

(1) 速度 $\vec{v}$，加速度ベクトル $\vec{a}$ を r, ω, t を用いて表せ．
(2) $\vec{r}$ と $\vec{v}$ のスカラー積を求め，それから速度ベクトルが接線方向であることを説明せよ．
(3) $\vec{v}$ と $\vec{a}$ の絶対値をそれぞれ v, a とする．v, a を求めよ．

問 3.8　速度 v が，以下の式によって与えられるとき，質点の位置 x は時間のどのような関数になるか．また，加速度はどのように表されるか．それぞれを式で答え，グラフで示せ．ただし，$t = 0$ において質点は $x = 0$ にある．また，$\alpha, v_0, \omega > 0$ とする．

(1) $v = v_0 - \alpha t$
(2) $v = \alpha\cos(\omega t)$

問 3.9　2 次元極座標における速度の成分が，(3-8) 式となることを，以下に示す手順によって証明せよ．

平面上の極座標について考える．速度 $\vec{v}$ と位置ベクトル $\vec{r}$ の関係は，

$$\vec{v} = \frac{d\vec{r}}{dt} \tag{3-13}$$

であるが，速度の r，φ 成分，v_r, v_φ は，

$$\vec{v} = v_r\vec{e_r} + v_\varphi\vec{e_\varphi} \tag{3-14}$$

と定義される．ここで，$(\vec{e_r}, \vec{e_\varphi})$ は (r, φ) 方向の単位方向ベクトルであり，

$$\begin{aligned} \vec{e_r} &= \cos\varphi\cdot\vec{e_x} + \sin\varphi\cdot\vec{e_y} \\ \vec{e_\varphi} &= -\sin\varphi\cdot\vec{e_x} + \cos\varphi\cdot\vec{e_y} \end{aligned} \tag{3-15}$$

と定義される．ここで，$\vec{e_x}$, $\vec{e_y}$ は x, y 方向の単位ベクトルである．$\vec{e_x}$, $\vec{e_y}$ は一定のベクトルであるが，$\vec{e_r}$, $\vec{e_\varphi}$ は場所によって変化する．

(1) (3-15) 式を図に描き，その意味を説明せよ．
(2) $\vec{r} = x\vec{e_x} + y\vec{e_y}$ を (3-13) 式に代入することにより，v_x, v_y を求めよ．
(3) r, φ を x, y で表す式，および x, y を r, φ で表す式を求めよ．
(4) $\dfrac{dx}{dt}$, $\dfrac{dy}{dt}$ を r, φ を用いて表せ．
(5) (3-15) 式により，$\vec{e_x}$, $\vec{e_y}$ を $\vec{e_r}$, $\vec{e_\varphi}$ で表せ．

(6)　v_r, v_φ を求めよ.

問 3.10　2次元極座標における加速度の各成分が，(3-9) 式となることを証明せよ.

4 運動方程式, 等加速度運動

演習のねらい

- 慣性を理解する.
- 質点の運動を運動方程式を使って表現できるようにする.

物理量	記号	単位
質量	m	[kg] (キログラム)
力	F	[N] (ニュートン)
重力加速度	g	= (約)9.8 [m/s^2]

§ 4.1 質点

現実の世界においては, 物体は空間的な広がりをもっており, 結果的に複雑な運動を行う. これが, 物体の運動の物理学的考察を複雑なものにしている. そこで, 形も大きさもなく, その属性は唯一**質量** (mass) のみであるような力学的モデルを考え, 問題の単純化を図ることにする. このようなモデルは**質点** (mass point) と呼ばれ, 位置 (座標) だけで記述される.

しばらくの間, この質点を用いた物体の空間的な動きに対する考察を行い. 第 10 章以降で, 物体の広がりを考慮していくことにする.

以降, このテキストにおいては, 特に断らない限り質量が m である質点を「質点 m」と表すことにする.

§ 4.2 ニュートンの運動法則

ニュートン[1]はその著書「プリンキピア[2]」の始まりで, 次の**運動の法則** (law of motion) を示した.

- **慣性の法則** (law of inertia) ··· 力が働いていない (合力の和が 0 である) 質点は静止もしくは等速度運動を行う.
- **運動の法則** (law of motion) ··· 質点に働く力は質点の加速度に比例する.
- **作用反作用の法則** (law of action and reaction) ···2 つの質点同士の間に働く力は, 大きさが等しく, 向きは逆向きで両者を結ぶ直線の方向である.

[1] Isaac Newton: 1643 ~ 1727)
[2] *Philosophiae naturalis principia mathematica* (1687)

§ 4.3　慣性の法則

慣性の法則により，力が働いていない状態において質点は，

- 静止しているものは静止状態を続ける．
- 動いている場合は，等速直線運動を行う．

ここで，等速運動ではないことに注意をする．慣性の法則にしたがっている状態が「慣性状態」である．

慣性の法則においては，単純な力ではない「合力」であることが重要となる．つまり,「力が働いていない」だけではなく,「力は働いているが，足し合わせると 0 となる」ことにより，慣性状態が生まれる．

§ 4.4　運動方程式

質点の運動に対するニュートンの運動の第 2 法則を式で表すと，

$$\vec{F} = m\vec{a} \left(= m\frac{d^2\vec{r}}{dt^2} \right) \tag{4-1}$$

となる．これはニュートンの**運動方程式** (equation of motion) と呼ばれる．運動方程式を解くことにより，質点の運動が決定される．運動方程式を解くことは，技術的には微分方程式を解くことになる．このとき積分定数が現れるが，これらは初期条件 (initial condition) により決定される．

§ 4.5　等加速度運動

力の大きさが一定であれば加速度の大きさ a も一定である．つまり，

$$(\text{加速度}) = a = \frac{F}{m} = (\text{一定}) \tag{4-2}$$

である．この場合，質点の運動は**等加速度運動** (uniformly accelerated motion) と呼ばれ，解くべき微分方程式は次式である．

$$a = \frac{dv}{dt} \quad \rightarrow \quad v = \int a\,dt \tag{4-3}$$

$$v = \frac{dx}{dt} \quad \rightarrow \quad x = \int v\,dt \tag{4-4}$$

ここで，初期条件，

$$t = 0 \rightarrow v = v_0,\ x = x_0$$

を課すると解は以下のようになる．

$$\begin{array}{|c|}\hline \text{速度} \\ \hline \end{array} \quad v = at + v_0, \qquad \begin{array}{|c|}\hline \text{位置} \\ \hline \end{array} \quad x = \frac{1}{2}at^2 + v_0 t + x_0 \tag{4-5}$$

等加速度運動の代表的なものは地上での重力による運動である．地上ではすべての物体に一定の加速度 g が働く．したがって，重力は，座標軸を鉛直上向きにとれば，

$$F = -mg \tag{4-6}$$

である．g の値はおよそ $9.8\,\mathrm{m/s^2}$ である．地上で質点を投げた場合，空気抵抗や慣性力（4.8節）を無視すれば，鉛直方向には等加速度運動，水平方向には等速度運動となる．

§ 4.6　抗力と摩擦力

物体どうしが接触をしているときに相互に力が働く．ニュートンの運動法則のの第3法則（4.2節）により，この力の向きはお互いに逆向きである．

接触面に垂直な成分 H を**抗力** (reation), 平行な成分 f を**摩擦力** (friction force) という．摩擦力が0のとき,「なめらかな面・接触」などという．摩擦力には相互に静止しているときの**静止摩擦力** (statical friction force) と相互に運動しているときの**動摩擦力** (kinetic friction force) があるが，ここでは前者を摩擦力と呼ぶ．抗力，摩擦力は上に述べた剛体の静止条件をみたすように決まる．

摩擦力 f には上限があり，これを最大静止摩擦力 f_{max} と呼ぶ．ここで，

$$f_{\mathrm{max}} = \mu H \tag{4-7}$$

となるが，この μ は**静止摩擦係数** (coefficient of statical friction) と呼ばれる．面が水平なら $H = Mg$ であり，$f_{\mathrm{max}} = \mu Mg$ である．

動摩擦力は一般に最大静止摩擦力とは異なり，

$$f(\text{動}) = \mu' H \tag{4-8}$$

である．この μ' は**動摩擦係数** (coefficient of kinetic friction) と呼ばれる．通常は $\mu > \mu'$ が成り立つ．

§ 4.7　慣性系, ガリレイ変換

ニュートンの運動の第1法則が成り立つような系を**慣性系** (inertial system) と呼ぶ．すべての慣性系は力学的に同等である．ある慣性系Sに対して，別の慣性系S′が一定速度 $\vec{u}$ で動いているとすると，その両者の関係を**ガリレイ変換** (Galilean transformation) と呼ぶ．

	位置	速度	加速度
慣性系S	$\vec{r}$	$\vec{v}$	$\vec{a}$
慣性系S′	$\vec{r'}$	$\vec{v'}$	$\vec{a'}$
ガリレイ変換	$\vec{r'} = \vec{r} - \vec{u}t$	$\vec{v'} = \vec{v} - \vec{u}$	$\vec{a'} = \vec{a}$

(4-9)

§ 4.8　慣性力

慣性系でない系では「みかけの力」が働く．これを**慣性力** (inertial force) と呼ぶ．たとえば，慣性系に対して一定加速度 a で走っている乗り物があるとする．慣性系を座標 x で表し，この乗り物に固定した座標を x' とすると，両者の関係は，

$$x' = x - \frac{1}{2}at^2 \tag{4-10}$$

である．ここで，$t=0$ で原点は一致しているとした．これから，乗り物上の質点 m ついての運動方程式は，

$$F = m\frac{d^2x}{dt^2} \quad \Rightarrow \quad F - ma = m\frac{d^2x'}{dt^2} \tag{4-11}$$

となるので乗り物の中では，真の力 F 以外に，見かけ上 $-ma$ の力（$-a$ の一定加速度）が働いていることになる．

z 軸を回転軸とする一定の角速度 ω で回転運動をしている座標系上では，位置 (x,y,z)，速度 $(v_x, v_y, 0)$ の質点 m には，**遠心力** (centrifugal force) $\vec{F}_{\text{遠心}} = (m\omega^2 x, m\omega^2 y, 0)$ と**コリオリの力** (Coriolis' force) $\vec{F}_{\text{コリオリ}} = (2m\omega v_y, -2m\omega v_x, 0)$ の 2 種の慣性力が現れる．

例題 4.1

地上で質点を斜めに一定の大きさの初速度 v_0 で水平面に対して角度 θ で発射する．このとき，飛距離 ℓ が $\theta = 45°$ で最大となることを説明せよ．

考え方

地上で質点を投げた場合，鉛直方向には大きさ g で下向きの等加速度運動，水平方向には等速度運動となる．これらの運動は (4-5) 式で扱える．

解法

発射の位置を座標の原点とし，水平方向を x 軸，鉛直上向きに y 軸を考える．すると，初期条件や加速度は次のようになる．

	初期条件		加速度
x 成分	$x(0)=0$	$v_x(0) = v_0\cos\theta$	$a_x = 0$
y 成分	$y(0)=0$	$v_y(0) = v_0\sin\theta$	$a_y = -g$

$$\begin{cases} x(t) = v_0 t\cos\theta \\ v_x(t) = v_0\cos\theta \\ y(t) = \dfrac{1}{2}(-g)t^2 + v_0 t\sin\theta \\ v_y(t) = (-g)t + v_0\sin\theta \end{cases}$$

「地上に落下する」とは $y=0$ になるということだから，上の式から，

$$0 = \frac{1}{2}(-g)t^2 + v_0 t\sin\theta$$

を解くことにより落下時刻が決まる．これらを (4-5) 式に代入すると以下を得る．上の方程式の解は，

$$t_1 = 0, \quad t_2 = \frac{2v_0 \sin\theta}{g}$$

となる．後者 (t_2) が落下時刻である．また，この時刻における x の値が飛距離 ℓ である．よって，

$$\ell = x(t_2) = v_0 \cos\theta \cdot \frac{2v_0 \sin\theta}{g}$$

となる．三角関数の性質 $\sin(2\theta) = 2\sin\theta\cos\theta$ から，

$$\ell = \frac{v_0^2}{g}\sin(2\theta)$$

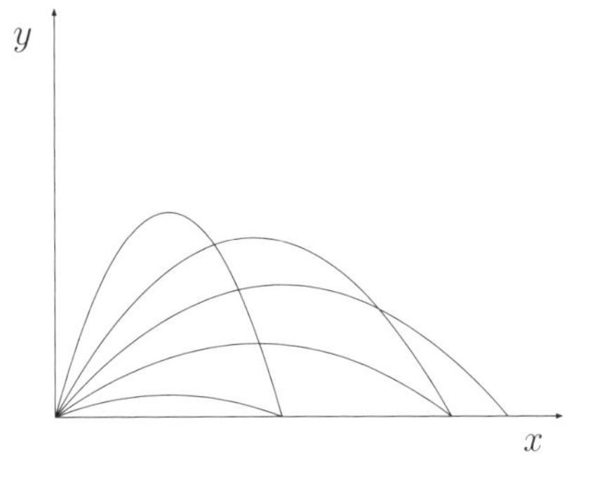

図 4-1: 質点の飛距離

となる．この式より，ℓ の値は $\sin(2\theta) = 1$ すなわち $2\theta = 90°$ で最大となるので，飛距離の最大は $\theta = 45°$ で起きることがわかる．

例題 4.1 終わり

確認と演習の準備 ●●●

- 慣性の法則を理解する．
  1. 次の空欄に入る適当な語句，式を答えよ．
  (a) 外部から力が働かないか, あるいはいくつかの力が働いてもそれらが［　　］いれば, 静止している物体はいつまでも静止を続け, 運動している物体はいつまでも等速直線運動を続ける．これを［　　］の法則と呼ぶ．
  (b) 静止したエレベーターに乗っている質量 m の人はエレベーターの床から［　　］の力を受ける．エレベーターが動きだし, 加速度の向きが［　　］向き, 大きさが［　　］に達すると床からの力を受けなくなる．ただし, 重力加速度を g とする．

  [(a) つりあって，慣性，(b) mg，下，g]

  2. 電車の中にいる質量 m の人は電車が加速度 a で走り出すと進行方向と逆方向の力を受ける．この力の名前と力の大きさを答えよ．

  [慣性力, ma]

- 質点の運動を運動方程式を使って表現できるようにする．
  1. 質量 m の質点が，力 $\vec{F}$ を受けている．
  (a) このときの加速度を $\vec{a}$ とした場合，運動方程式はどのように書けるか．
  (b) このときの加速度を $\dfrac{d^2\vec{r}}{dt^2}$ とした場合，運動方程式はどのように書けるか．
  (c) 力 $\vec{F}$ の成分が $\vec{F} = (F_x, F_y, F_z)$ であった場合，運動方程式を x 成分，y 成分，z 成分それぞれについて記述せよ．

$$\left[\begin{array}{l}\text{(a) } m\vec{a} = \vec{F}, \\ \text{(b) } m\dfrac{d^2\vec{r}}{dt^2} = \vec{F}, \\ \text{(c) } m\dfrac{d^2x}{dt^2} = F_x, m\dfrac{d^2y}{dt^2} = F_y, m\dfrac{d^2z}{dt^2} = F_z\end{array}\right]$$

2. 自由落下運動によって質点が落下するときの速さと距離は，鉛直上方を z 軸の正方向とすると，一般的に，

– 速さ: $v(t) = -gt + \alpha$,

– 距離: $z(t) = -\dfrac{1}{2}gt^2 + \alpha t + \beta$,

と表される．ただし，α, β はある定数であり，g は重力加速度を表している．このとき，$t = 0$ において，$v(0) = v_0$, $z(0) = z_0$ であった場合，α, β を求めよ．

[$\alpha = v_0$, $\beta = z_0$]

演習問題●●● —A: 基礎編 —

問 4.1 静止していた電車が動き出した．一定加速度で時間 t で距離 L 進んだとすると，このときの加速度はいくらか．

問 4.2 地面から高さ h の位置から質点を静かに落下させた．地上に落下するまでの時間と地面落下時の速さを求めよ．ただし，重力加速度を g とする．

問 4.3 質量 m の物体を質量が無視できる糸で車の中に吊るした．重力加速度を g とする．

(1) 車が動き出したとき，糸は鉛直方向に対して $\dfrac{\pi}{6}$ の角度に傾いた．動きだした車の加速度を求めよ．

(2) 車が速さ v で等速直線運動を行っている．このときの糸の鉛直方向からの傾き角を ϕ_0 とした場合，$\tan\phi_0$ を求めよ．

(3) 車が加速度の大きさ a で減速した．このときの糸の鉛直方向からの傾き角を ϕ とした場合，$\tan\phi$ を求めよ．

問 4.4 地面からの高さ h の位置から鉛直上方に速度 V_0 で質点を投げ上げた．地上に落下するまでの時間と地面落下時の速さを求めよ．ただし，重力加速度を g とする．

問 4.5 地球上で，ある条件で物を放り投げた場合，100 m 飛んだという．全く同じ条件で月面で放り投げると，どれだけ飛ぶか．ただし，月面の重力加速度は地球の 1/6 であり，空気抵抗はないと考える．

問 4.6 質量 m の物体を質量が無視できる糸で吊るした．糸を張力 T で鉛直上方に引っ張ったところ，物体は加速度 a で上昇した．重力加速度を g とすると a はいくらか．

問 4.7 粗い水平面に質量 m の物体を置いた．水平面と物体との間の動摩擦係数は μ' である．重力加速度を g とすると，このときの垂直抗力はいくらか．また，物体がこの水平面を動いているとき，物体を等速状態で動かすためにはどれだけの力が必要か．

問 4.8 物体が水平な板の上に置かれている．物体と板の間の静止摩擦係数を μ とする．板を水平から徐々に傾けたところ，板と水平面がなす角度が $\dfrac{\pi}{6}$ になったとき，はじめて物体が動き出した．μ の値はいくらか．

— B: 応用編 —

問 4.9 電車が発進するときと停止するとき，車内で立っている人の動きを慣性力を使って説明せよ．また，床にひもで風船がくくりつけてあったらどのように動くか．

問 4.10 地面からの高さ h の位置から静かに質点 M を落下させ，同時にその真下の地面から鉛直上方に速度 V_0 で質点 m を投げ上げた．重力加速度を g として，両者の質点が空中で衝突するための条件を求めよ．また，その条件が成り立っているとして，衝突時の高さ H を求めよ．

問 4.11 高層ビルで運行しているエレベーターがある．各階の床の間隔はすべて 4.0 m である．このエレベーターは上下いずれの場合も，通常停止状態から大きさ $1.5\,\mathrm{m/sec^2}$ の加速度で動きだし，特に停止の指示がなければ 6 秒間加速し，あとは一定速度で動く．またどこかで停止の指示があると，必要な加速度をコンピュータが計算して，その瞬間から一定の大きさの加速度で減速するが，この減速加速度の大きさが $2.0\,\mathrm{m/sec^2}$ を越えると乗客に不快感を与えるので，停止の指示は無視される．

(1) このエレベーターが一定の速度になったときの速度はいくらか．

(2) 1 階から動き出して一定の速度になったとき，エレベーターはどこにいるか．

(3) 1 階から動き出したエレベーターの床面と 10 階の床面が一致した瞬間，19 階で上行きボタンが押された．コンピュータはどのような減速加速度を指示したか．

(4) このエレベーターが 28 階から下におり始めた．12 階にいる人が，下行きのボタンを押したが，エレベーターが止まってくれるためには，28 階で動き出したときから何秒以内にボタンを押さないといけないか．

問 4.12 質点を水平前方 ℓ におかれた高さ h のネットを越えるように打ち出すときの初速の大きさ v_0 と水平面となす角度 θ の関係を求めよ．

問 4.13 あらい斜面の上に物体がある．斜面と物体の間の静止摩擦係数 μ とこの物体が滑り出すときの斜面の角度 θ の関係を求めよ．

問 4.14 [3] 図 4-2 のようになめらかな坂と粗い水平面がある．いま，水平面からの高さが H である坂の上の点 P に質量 m_A の物体 A を，点 Q から距離 L だけ離れた水平面上の点 R に質量 m_B の物体 B をおいた．物体 A, B はそれぞれ質点とみなすことができ，それぞれの物体と水平面との間の動摩擦係数を μ'，重力加速度を g とする．以下の問に答えよ．

(1) 物体 A を静かに放した．点 Q を通過するときの速さはいくらか．

(2) 物体 A は，点 Q を通過した後，点 R で静止している物体 B に衝突した．このとき，

[3] 工学院大学 1999 年度入学試験問題より．

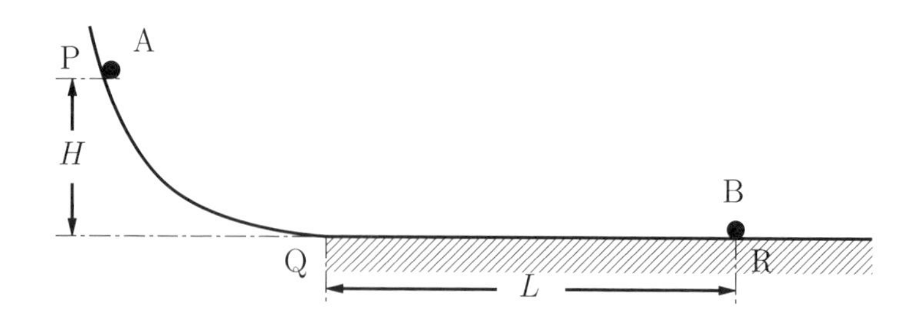

図 4-2: 問 4.14 のスロープ

点 Q を通過する際に物体 A の速さは変わらなかった．点 R で物体 B と衝突する直前の物体 A の速さはいくらか．

(3) 物体 A が物体 B に衝突するための条件を示せ．

問 4.15 野球のピッチャーが，時速 150 km の速さでボールを投げるとき，マウンドからホームベースまでの距離を 18 m として，コリオリの力でボールの軌道がずれる距離を求めよ．ただし，近似的に地球は球体とし，マウンドとホームベースの緯度は等しいと考えられるとする．また，マウンドはホームベースの真北にあるものとする．このずれる距離は地球上の位置によりどう変わるか．

5 振動

演習のねらい

- 単振動の性質，特徴を理解する．

物理量	記号	単位
角振動数	ω	[rad/s]
振動数	ν	[Hz]　(ヘルツ)
周期	T	[s]
振幅	A	[m]
初期位相	ϕ_0	[rad]
線形復元力の比例係数	k	[N/m]

§ 5.1　線形復元力

次のような力を**線形復元力** (linear retoring force) と呼ぶ．

- つりあいの位置が存在し，そこでの力は0である．
- つりあいの位置からの距離を**変位** (displacement) と呼ぶ．力の大きさは変位に比例し，つりあいの位置に戻す方向に働く．

この結果，質点は周期的な**振動** (oscillation) を行う．運動が x 軸に沿っており，つりあいの位置を原点とすると，線形復元力は，

$$F = -kx \tag{5-1}$$

と表される．ここで k は比例定数である．ばねの振動や振り子の小振動はこの式で表される．また，ばねの振動における比例定数 k は「ばね定数」と呼ばれる．

§ 5.2　単振動

(5-1) 式の力が質点 m に働く場合，運動方程式は，

$$m\frac{d^2x}{dt^2} = -kx \tag{5-2}$$

となる．この解は，

$$x = C_1 \cos(\omega t) + C_2 \sin(\omega t), \qquad \omega = \sqrt{\frac{k}{m}} \tag{5-3}$$

あるいは，変形して，

$$x = A \sin(\omega t + \phi_0) \tag{5-4}$$

である．

このように，ω が定数となるような運動を**単振動** (simple harmonic oscillation) と呼ぶ．(5-4) 式において，A は**振幅** (amplitude)，ω は**角振動数** (angular frequency)，ϕ_0 は**初期位相** (initial phase) と呼ばれる．また，$T = \dfrac{2\pi}{\omega}$ が**周期** (period)，$\nu = \dfrac{1}{T} = \dfrac{\omega}{2\pi}$ が**振動数** (frequency) である．

§ 5.3　減衰振動

(5-1) 式に示すような線形復元力以外に速度に比例する**抵抗力** (drag force) が働いている場合を考える．$F = -bv$ $(b > 0)$ とすると，運動方程式は，

$$m\frac{d^2x}{dt^2} = -kx - b\frac{dx}{dt} \tag{5-5}$$

となる．ここで，

$$\gamma = \frac{b}{2m} \tag{5-6}$$

とおく，このときの運動はこの係数同士の関係により次のように分類される．

- $\omega > \gamma$ の場合$\cdots$ 振動が制動より強く，振幅が減衰しながら振動する (**減衰振動**:damped oscillation).
- $\omega < \gamma$ の場合 $\cdots$ 振動が制動より弱く，振動せずに質点は徐々に遅くなる (**過減衰**: overdamping).

§ 5.4　強制振動

外部から振動的な力 $f = f_0 \sin(\Omega t)$ (Ω: 定数) を (5-5) 式の場合に加えると運動方程式は，

$$m\frac{d^2x}{dt^2} = -kx - b\frac{dx}{dt} + f_0 \sin(\Omega t) \tag{5-7}$$

となる．この運動方程式の解は，(5-5) 式 の解と次の特殊解の和となる．

$$x_{\text{特解}}(t) = \frac{(f_0/m)}{\sqrt{(\omega^2 - \Omega^2)^2 + 4\gamma^2\Omega^2}} \sin(\Omega t - \delta) \tag{5-8}$$

このように外部から揺さぶる角振動数 Ω が，系の固有の角振動数 ω に近くなると，特殊解の振幅が急激に大きくなる．これを共鳴と呼ぶ．

例題 5.1

自然長がℓであるばねを鉛直に天井からつるし，これに質量mのおもりをつけたところ，長さがdだけのびた状態でつりあった．おもりを$\dfrac{d}{2}$だけ持ち上げて手を離した．このときの振動の振幅と周期を求めよ．重力加速度はgである．

考え方

ばね定数が与えられていないので，まず，それをつりあいの状態から決める．あとは，(5-3) 式，(5-4) 式などを参考にして，各物理量を求めればよい．

解法

つりあいの状態より，重力とばねの強さが等しいことがわかるので，ばね定数kは，

$$mg = kd \quad \rightarrow \quad k = \frac{mg}{d}$$

と決まる．このdだけ伸びた位置がつりあいの位置となってこの周りに単振動することになる．したがって，振幅は$d/2$である．また周期は，

$$\omega = \sqrt{\frac{k}{m}} = \sqrt{\frac{g}{d}}, \qquad T = \frac{2\pi}{\omega} = 2\pi\sqrt{\frac{d}{g}}$$

となる．

例題 5.1 終わり

確認と演習の準備 ●●●

- 単振動の性質を理解する．
  1. 次の文章の空欄に入る適当な語句，数値を答えよ．
     (a) ばねに質点をつけ質点に変位を与えると, その変位に［　　］した力が働く．そのため, ばね以外の力が働かない場合, 質点は［　　］を行う．
     (b) 振幅の小さい振り子の周期は，ひもの長さの［　　］乗 に比例する．周期を 2 s，重力加速度を 9.8 m/s^2 とすると，そのひもの長さは［　　］m である．

     [(a) 比例，単振動，(b) $\dfrac{1}{2}$, 0.99]

  2. 単振動において，角振動数をωとし，$t=0$で$x=A$の位置から質点を静かに放した場合，この質点の時刻tにおける位置と周期を求めよ．

     [$A\cos(\omega t), \dfrac{2\pi}{\omega}$]

演習問題 ●●●

—A: 基礎編 —

問 5.1　質量の無視できるばねを垂直に下げ，100 g のおもりを下端につけたところ，1 cm

だけのびた．ばね定数はいくらか．ただし，重力加速度を $9.8\,\mathrm{m/s^2}$ とする．

問 5.2　前問のばねをなめらかな水平台にのせ一端を固定した．もう一方の端に質量 $160\,\mathrm{g}$ の質点をつけた．このばねの固有の角振動数はいくらか．周期にするといくらになるか．

問 5.3　(5-3) 式と (5-4) 式の関係より，A, ϕ_0 を C_1, C_2 を用いて表せ．

問 5.4　単振動の (1). 振幅，(2). 周期，(3). 振動数，(4). 初期位相の意味を説明せよ．必要に応じ，単振動のグラフを描いて説明すること．

問 5.5　振幅の小さい振り子が単振動を行うことを説明せよ．さらにひもの長さを ℓ，重力加速度を g として，その周期を求めよ．

— B: 応用編 —

問 5.6　単振動について考察をする．

(1) (5-3) 式が (5-2) 式の解になっていることを示せ．

(2) (5-3) 式にしたがって運動している質点があるとき，時刻 t での速度 $v(t)$ を求めよ．

(3) 時刻 $t = 0$ で $x = x_0, v = 0$ のとき，$x(t)$ を求めよ．

(4) 時刻 $t = 0$ で $x = 0$，$v = v_0$ のとき，$x(t)$ を求めよ．

(5) 時刻 $t = 0$ で $x = x_0, v = v_0$ のとき，$x(t)$ を求めよ．

(6) （5）の場合において，$x_0 > 0, v_0 > 0$ のときに，$x(t)$ をグラフで表せ．

(7) （5）の場合において，$K = (1/2)mv^2$ と $U = (1/2)kx^2$ を計算し，和 $(K + U)$ が時間的に一定であることを示せ．

=-= 注 =-= これは後で出てくるエネルギー保存則の具体的な例である．

問 5.7　xy 平面上を運動する質量 m の質点がある．この質点は，原点からの距離に比例する引力が働いている．力の向きは原点と質点の位置を結ぶ方向である．よって，比例定数を k とすると $\vec{F} = -k\vec{r}$ である．

(1) 運動方程式の x 成分と y 成分を書け．

(2) 質点の軌道はどのようなものか．初期条件として，$t = 0$ で $\vec{r} = (R, 0)$, $\vec{v} = (0, V)$ として考えよ．

問 5.8　地球にその中心を通る直線の細いトンネルを作った場合，この中を落下する質点 m の運動を決定せよ．ただし，トンネルとの摩擦や空気抵抗は考えない．地球の半径は R，地球の全質量は M，地上での重力加速度は g とする．また，地球は密度が一様な完全球体であると仮定する（(6-8) 式参照）．

(1) 質点が中心から x $(x \leq R)$ の位置にあるとする．半径 x の球の内部の質量はいくらか．

(2) 中心から x の位置にある質点は，(1) で計算した質量だけからの万有引力を受けることが知られている（外側の部分からの力は全体として打ち消す）．万有引力は距離の自乗に逆比例する．この位置での加速度は g の何倍になるか．

(3) この質点の運動が単振動になることを説明し，その周期を求めよ．

(4) この振動を使って地球の反対側の地点に行くのに要する時間の数値を求めよ．その値と，マッハ1の旅客機に乗って空中を直行する場合の時間を比較せよ．

(5) 中心を通らない直線状のトンネルでも同じ周期になることを示せ．

[ヒント] 摩擦はないのでトンネルの方向の力の成分を考えればよい．

問 5.9 (5-5) 式は，本文中の記号を用いて，

$$\frac{d^2x}{dt^2} + 2\gamma\frac{dx}{dt} + \omega^2 x = 0 \tag{5-9}$$

となる．この方程式の解を $x = e^{\alpha t}$ の形に仮定して代入し，α を決めよ．本文中の減衰振動と過減衰はこの α の解の性質から考えると，どういうことに対応するか．

=-= 注 =-= 付録の複素数の項を参照し，オイラーの公式（**(28-11)** 式）を学ぶこと．

問 5.10 強制振動における特解，(5-8) 式について考える．

(1) (5-8) 式の「sin」の前の係数を他の量を固定して ω の関数とみなし，そのグラフの概形を描け．また，係数が最大となる ω_0（共鳴点）を求め，そのときの係数を示せ．

(2) (5-8) 式が (5-7) 式の解であることを示せ．

6 中心力による運動

演習のねらい

- 中心力による運動の特徴を理解する．

物理量	記号		単位	
角速度	ω		[rad/s]	
回転数	f		[Hz]	（ヘルツ）
周期	T		[s]	
中心からの距離	r		[m]	
万有引力定数	G	$= 6.67 \times 10^{-11}$	$[\mathrm{N} \cdot \mathrm{m}^2/\mathrm{kg}^2]$	

§ 6.1 等速円運動

一定の速さで回転している**円運動** (circular motion) を考える．1 秒間に回転する角度を**角速度** (angular velocity) ω [rad/s] として定義する．このとき，ω は定数とする．**周期** (period) T [s] は 1 回転するのに要する時間，**回転数** (frequency) f [Hz] は 1 秒間に回転する回数である．

$$T = \frac{2\pi}{\omega}, \qquad f = \frac{1}{T} = \frac{\omega}{2\pi} \tag{6-1}$$

円の半径を r とし，円の中心を原点とする座標系を使い，時刻 $t = 0$ で質点は x 軸にあるとする．すると回転角 φ と時間は比例する．回転角は反時計回りを正とする．

$$\varphi = \omega t \tag{6-2}$$

したがって，回転する質点の位置ベクトル $\vec{r} = (x, y)$ は，

$$\begin{cases} x = r\cos(\omega t) \\ y = r\sin(\omega t) \end{cases} \tag{6-3}$$

となる．このことから速度ベクトル $\vec{v} = (v_x, v_y)$ と加速度ベクトル $\vec{a} = (a_x, a_y)$ は，次のようになる（問 3.7 参照）．

$$\begin{cases} v_x = \dfrac{dx}{dt} = -r\omega\sin(\omega t) \\ \\ v_y = \dfrac{dy}{dt} = r\omega\cos(\omega t) \end{cases} \qquad \begin{cases} a_x = \dfrac{d^2x}{dt^2} = -r\omega^2\cos(\omega t) \\ \\ a_y = \dfrac{d^2y}{dt^2} = -r\omega^2\sin(\omega t) \end{cases} \tag{6-4}$$

つまり，速度ベクトルの向きは円の接線方向であり，大きさは，

$$v = |\vec{v}| = \sqrt{v_x^2 + v_y^2} = r\omega \tag{6-5}$$

である．一方，加速度は，大きさと向きが，

$$\text{大きさ} \cdots a = |\vec{a}| = r\omega^2 = \frac{v^2}{r}, \qquad \text{向き} \cdots \text{円の中心方向} \tag{6-6}$$

である．

§ 6.2　向心力

等速円運動をしている質点に働いてる力を**向心力** (centripetal force) という．質点 m に働く力は $\vec{F} = m\vec{a}$ であるから，向心力は，

$$\vec{F} = \begin{cases} \text{大きさ:} \quad mr\omega^2 = m\dfrac{v^2}{r} \\ \text{向き　:} \quad \text{円の中心方向} \end{cases} \tag{6-7}$$

である．

等速円運動はいろいろな現象に現れる．以下にいくつかの例と，そのとき働いている向心力を示す．

- ひもにつけたおもりを回転させる．向心力はひもの張力 T である．
- 地球は太陽の周りを公転する．向心力は**万有引力** (universal gravitation) である．質量 m_1 の物体と質量 m_2 の物体が，距離 r だけ離れているとき，両者の間に働く万有引力は，

$$\vec{F} = \begin{cases} \text{大きさ:} \quad F = G\dfrac{m_1 m_2}{r^2} \\ \text{向き　:} \quad \text{質点同士を結ぶ方向で引力} \end{cases} \tag{6-8}$$

  である．なお，大きさをもつ物体のとき，距離 r は重心から測る．ここで G は**万有引力定数** (gravitational constant) で値は，

$$G = 6.67 \times 10^{-11}\,\mathrm{N \cdot m^2/kg^2} \tag{6-9}$$

  である．
- 古典的原子のイメージで考えた場合，水素原子の電子は原子核の周りを回転している．向心力は電気力 (クーロン力) である．

- 自動車が一定速度で円弧とみなされるカーブを曲がる．このときの向心力は，タイヤと路面の間の横方向の摩擦力である．

§ 6.3　ケプラーの法則

ケプラー[1]は，ティコ・ブラーエ[2]の遺した天体に関する莫大な観測データの山から天才的な直感と超人的忍耐力でもって，惑星の運動が全て3つの法則のもとに記述されることを示した（1609 ∼ 1618）．この素晴らしい現象論的法則を土台にニュートンは万有引力を発見することができたのである．

ケプラーが発見した3つの**ケプラーの法則** (Kepler's laws) は以下のようなものである．

≫≫≫≫ **ケプラーの法則** ≪≪≪≪

第1法則 ··· **惑星の軌道の形について：**　惑星は太陽の位置を1つの焦点とする楕円軌道を運行する．

第2法則 ··· **惑星の運動の速度：**　惑星と太陽を結ぶ直線が掃く**面積速度** (areal velocity) は一定である．

第3法則 ··· **惑星同士の運動の関係：**　惑星の公転周期の2乗と軌道長半径の3乗の比はすべての惑星について一定である．

例題 6.1

地球が太陽の周りを1年で公転することから太陽の質量を推定せよ．ただし，地球は太陽の周りを近似的に円軌道を描いているとする．また，太陽と地球の距離は $1\,\mathrm{AU} = 1.50 \times 10^{11}\,\mathrm{m}$ である．

考え方

向心力を表す式，(6-7) 式，は円運動をしているということだけから決まる．今の場合，向心力の実体は太陽が地球におよぼす万有引力（(6-8) 式）であるので両者が等しいとおけばよい．

計算には1年を秒単位になおすことが必要になる．このような天文学的題材では数字の桁が大きいので，数値計算の際はまず桁（10^n の n）をきちんと押さえること．

解法

地球と太陽の質量を m, M，地球の公転運動を円運動とみなしたときの太陽と地球の距離を r，角速度を ω とする．すると，

[1] Johannes Kepler (1571 ∼ 1630)
[2] Tycho Brahe (1546 ∼ 1601)

$$\text{向心力} = \text{万有引力}$$

$$mr\omega^2 = G\frac{mM}{r^2}$$

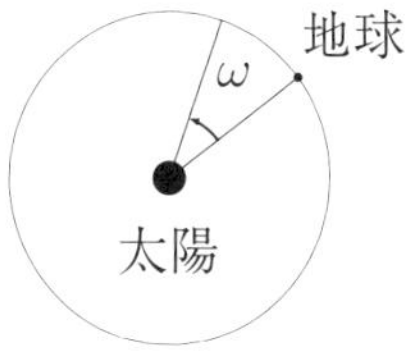

となる．角速度は公転周期 T と，

$$\omega = \frac{2\pi}{T}$$

という関係をもつので，太陽の質量は，

$$M = \frac{r^3\omega^2}{G} = \frac{4\pi^2 r^3}{GT^2}$$

となる．これに数値を代入する[3]．

$$T = (365\,\mathrm{d})\times(24\,\mathrm{h/d})\times(60\,\mathrm{min/h})\times(60\,\mathrm{s/min}) = 3.15\times10^7\,\mathrm{s}$$

$$M = \frac{4\times3.14^2\times(1.50\times10^{11}\,\mathrm{m})^3}{(6.67\times10^{-11}\,\mathrm{N\cdot m^2/kg^2})\times(3.15\times10^7\,\mathrm{s})^2} = 2.01\times10^{30}\,\mathrm{kg}$$

図 6-1: 太陽の周りを回る地球

例題 6.1 終わり

確認と演習の準備 ●●●

- 中心力による運動の特徴を理解する．
  1. 半径 r の円周上を一定の速さ v で運動する質点の加速度の大きさと向きを答えよ．

     [$\frac{v^2}{r}$, 円の中心方向]
  2. 質量 2 kg の質点が，半径 0.5 m の円軌道を毎秒 10 回転するとき，質点に働く慣性力の大きさはいくらか．

     [3.95×10^3 N]
  3. 質量が m_1, m_2 の 2 つの質点がある．質点間の距離が r であった場合，質点間に働く万有引力の大きさはいくらか．ただし，万有引力定数を G とする．

     [$G\frac{m_1 m_2}{r^2}$]
  4. 球状で密度が一様な半径 R，質量 M の星の表面における重力加速度の大きさはいくらか．ただし，万有引力定数を G とし，自転による遠心力の影響は無いものとする．

     [$\frac{GM}{R^2}$]
  5. 半径が R の球形の星がある．表面での重力加速度を g とすると，この星の周りを地上からの高度が $2R$ の円軌道で運動する人工衛星に働いている加速度の大きさは g の何倍になるか．また，星の質量は，万有引力定数を G とした場合，

[3] 天文学的 1 年は 3.166×10^7 s.

G, g, Rをもちいてどのように表されるか．ただし，自転の効果は考えないものとする．

$$[\frac{1}{4}, \frac{gR^2}{G}]$$

演習問題●●●　—A: 基礎編—

問 6.1　長さがℓである質量の無視できるひもにおもりをつけ，なめらかな水平の台の上にひもの一端を固定した．おもりの速さを徐々に大きくしながら円運動させたところ，おもりの速さがvになったところでひもが切れた．ひもの長さを$\frac{\ell}{2}$にして同じように円運動させると，ひもが切れるのはどれだけの速さのときか．

問 6.2　火星の質量は地球の質量の0.11倍，火星の半径は地球の半径の0.53倍である．物質に働く火星表面での重力は，同じ物質に働く地球表面での何倍となるか．ただし，自転の効果は無視する．

問 6.3　地球の半径をR，地上での重力加速度の大きさをg，万有引力定数をGとすると，地球の平均密度はいくらか．ただし，地球は完全球体と考え，地球の自転による影響は無視する．

問 6.4　万有引力定数をG，惑星の質量と半径をM, Rとしたとき，この惑星の表面から高度hのところを円軌道を描いて運動する質量mの人工衛星の運動エネルギーはいくらか．

— B: 応用編 —

問 6.5　自動車に乗って，時速60 kmで半径が100 mの円弧の一部とみなすことのできるカーブを曲がった．このときの乗っている人から見て横方向の加速度は重力加速度の何倍か．半径が50 mならどうなるか．

問 6.6　天井からつるした長さℓのひもに質量mの質点が結びつけられている．ひもが鉛直線と角度θをなした状態で，この質点が円を描いて水平面内を回転しているときの速さvを求めよ．ただし，重力加速度をgとする．

問 6.7　地表にすれすれの円軌道を運動する人工衛星を考える．

(1)　速度の大きさを求めよ[4]．

(2)　1周するのに要する時間を求め，問5.8のトンネルを往復する時間と比較せよ．

問 6.8　地球の周りをまわる静止衛星を考える．

(1)　静止衛星の軌道が赤道上にあることを説明せよ．

(2)　軌道の地球の中心からの距離を求めよ．

---

[4]これは第1宇宙速度と呼ばれる．

問 6.9　ケプラーの法則と万有引力の関係を考える．

(1) 軌道を円軌道とすると，第 2 法則，第 3 法則はどのように説明されるか．

(2) 軌道を円軌道とし，万有引力が距離の (-2) 乗ではなく $(-n)$ 乗に比例すると仮に考えれば，第 3 法則はどうなるか[5]．

問 6.10　線密度 ρ のひもを半径 R の円形にして角速度 ω で回転させる．ω が ω_0 を越えたとき，このひもが切れた．重力が働いているときに，このひもにおもりをつけてぶらさげるとすると，どれだけの質量を支えることができるか．ただし，重力加速度を g とする．

[ヒント]　ひもの微小部分を考え，それに関する運動方程式を考える．その微小部分に両側から働く 2 つの張力 $\vec{T}$ のベクトル和が向心力になるとして，それから張力の大きさ T を求める．

[5] 実際には，(-2) 乗でないと軌道は一般に閉じない．

7 仕事と力学的エネルギー

演習のねらい

- 仕事とは何かを理解する.
- エネルギーと仕事の関係を理解する.
- 保存力とは何かを理解する.
- 力学的エネルギー保存を理解する.

物理量	記号	単位
仕事	W	[J] (ジュール)
力	F	[N](ニュートン)
変位	s	[m]
エネルギー	E	[J]
運動エネルギー	K	[J]
ポテンシャルエネルギー	U	[J]

§ 7.1　仕事

ある物体に一定の力 F が作用して，点 P から力の働いている方向に点 Q までまっすぐに動いたとする．この力のなした**仕事** (work) W は変位 $s = \overline{\mathrm{PQ}}$ を用いて，

$$W = Fs \tag{7-1}$$

である．力と変位（移動）の方向が同一でないときは，力を $\vec{F}$，変位ベクトル（移動の始点から終点に向かうベクトル）を $\vec{s} = \overrightarrow{\mathrm{PQ}}$ として，仕事は，

$$W = \vec{F} \cdot \vec{s} = Fs\cos\theta \tag{7-2}$$

となる．θ は，$\vec{F}$ と $\vec{s}$ のなす角度である．$F\cos\theta$ は変位に有効に働いた力の大きさと解釈できる．なお，ここでベクトルの内積（スカラー積）を使った．

一般には，働く力の大きさは一定でない．このときは微小な変位 $\Delta\vec{s}$ を考え，この変位の間は近似的に力が一定と考えるとそのときの微小仕事 ΔW は，

$$\Delta W = \vec{F} \cdot \Delta\vec{s} \tag{7-3}$$

である．全体の仕事は，始点Pから終点Qまでを多数の微小な変位に分割してそれぞれの区間での微小仕事をすべて加えることにより得られる．

$$W = \vec{F_1} \cdot \Delta\vec{s_1} + \vec{F_2} \cdot \Delta\vec{s_2} + \vec{F_3} \cdot \Delta\vec{s_3} + \cdots + \vec{F_n} \cdot \Delta\vec{s_n} \tag{7-4}$$

これを線積分を用いてつぎのように表す．

$$W = \int_{\mathrm{P}}^{\mathrm{Q}} \vec{F} \cdot d\vec{s} \tag{7-5}$$

この (7-5) 式を一般的に理解するのは少し難しいかも知れない．たとえば，P, Qがどちらも x 軸上にあって，それぞれの x 座標を x_{P}, x_{Q} とし，x 軸に沿って質点が運動するとすると，

$$W = \int_{x_{\mathrm{P}}}^{x_{\mathrm{Q}}} F_x \, dx \tag{7-6}$$

と考えればよい．

§ 7.2　運動エネルギー

速度 $\vec{v}$ で自由に運動している粒子がもつ**エネルギー** (energy) を考える．静止している状態を「(エネルギー) $= 0$」と考えると，それを加速して速度 $\vec{v}$ にするために必要な仕事の大きさが求めるエネルギーとなる．始点Pで速度0，終点Qで速度 $\vec{v}$ とすると，力は運動方程式により $\vec{F} = m\vec{a} = m\dfrac{d\vec{v}}{dt}$ なので，

$$W = \int_{\mathrm{P}}^{\mathrm{Q}} \vec{F} \cdot d\vec{s} = m \int_{\mathrm{P}}^{\mathrm{Q}} \frac{d\vec{v}}{dt} \cdot d\vec{s} = m \int_0^v v \, dv = m \left[\frac{1}{2} v^2 \right]_0^v = \frac{1}{2} m v^2 \tag{7-7}$$

ここで，$v = |\vec{v}|$ であり，$d\vec{s} = \vec{v} \, dt$ を利用した．したがって，速度 $\vec{v}$ で自由に運動している粒子がもつエネルギーは $\dfrac{1}{2}mv^2$ であると理解される．通常，**運動エネルギー** (Kinetic energy) は，文字 K を用いて表現される．

$$K = \frac{1}{2} m v^2 \tag{7-8}$$

§ 7.3　ポテンシャル エネルギー（位置エネルギー）

力が働く場合には，仕事を産み出すことができる．水力発電は高い場所の水が重力によって，落下する際に産み出される仕事を利用している．

- **保存力** $\cdots$
  力に従って粒子が移動し，力から仕事を受けた際，なされた仕事が経路によらず，出発点と終点だけで決まる場合がある．このとき，この力を**保存力** (conservative force) と呼ぶ．この場合，**ポテンシャルエネルギー** (potential energy) が定義され，力学的**エネルギー保存則** (energy conservation law) が成立する．
- **ポテンシャルエネルギー** $\cdots$
  保存力によってなされた仕事は経路に依存しない．したがって，基準点 $\mathrm{P_0}$ を固定し

て考えると，P_0 から P に至る際に力のなした仕事は，場所 P の関数と考えることができる．このとき，場所 P の関数 $U(\mathrm{P})$ を，

$$W_{\mathrm{P}_0\to\mathrm{P}} = \int_{\mathrm{P}_0}^{\mathrm{P}} \vec{F}\cdot\vec{ds} = -U(\mathrm{P}) \tag{7-9}$$

と定義し，点 P でのポテンシャルエネルギーと呼ぶ．この定義から明らかなように，ポテンシャルエネルギーは基準点 P_0 の選択に依存している．そのため，通常は原点で $0(U(0)=0)$ になるように，あるいは無限遠方で $0(U(\infty)=0)$ になるよう定義する．いずれにしても物理的に意味があるのは 2 点間のポテンシャルエネルギーの差である．

保存力に従い，点 P から点 Q に移動した際に力から受けた仕事 $W_{\mathrm{P}\to\mathrm{Q}}$ は，固定点 P_0 を経由する経路で勘定すると，

$$W_{\mathrm{P}\to\mathrm{Q}} = W_{\mathrm{P}\to\mathrm{P}_0} + W_{\mathrm{P}_0\to\mathrm{Q}} = -W_{\mathrm{P}_0\to\mathrm{P}} + W_{\mathrm{P}_0\to\mathrm{Q}} = U(\mathrm{P}) - U(\mathrm{Q})$$

と書ける．第 2 の等号は，経路を逆に辿る際，仕事の符号は逆転することを用いた．すなわち，2 点のポテンシャルエネルギーの差が仕事として放出される．

運動が 1 次元の場合は，より簡単な関係式を得る．運動の方向に x 軸を置くと，(7-9) 式は，

$$W_{x_0\to x} = \int_{x_0}^{x} F(x)dx = -U(x) \tag{7-10}$$

となる．あるいは微分して，

$$F(x) = -\frac{dU(x)}{dx} \tag{7-11}$$

と書くことができる．このことから，1 次元運動の場合，力が x のみの関数であれば[1] 保存力であるといえる．

例題 7.1

1 次元運動での調和力 $F=-kx$ のポテンシャルエネルギーを求めよ．

考え方

保存力とポテンシャルエネルギーの関係（(7-10) 式および (7-11) 式）は重要事項である．保存力であれば，どのような力に対してもポテンシャルエネルギーが定義できる．

解法

$F=-kx$ であるので，(7-10) 式から，

$$U(x) = -\int_{x_0}^{x}(-kx)dx = \left[\frac{1}{2}kx^2\right]_{x_0}^{x} = \frac{1}{2}kx^2 - \frac{1}{2}kx_0^2$$

[1]「t や v を明示的に含まなければ」の意．

となる．基準点 x_0 は任意だが，つりあいの位置 $(x = 0)$ に選ぶと便利なので通常はそうする．

$$U(x) = \frac{1}{2}kx^2$$

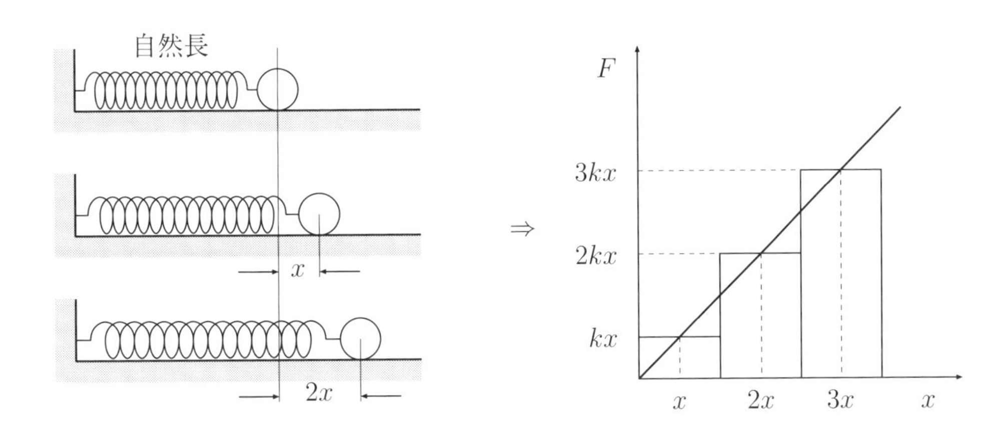

図 7-1: ばねの弾性エネルギー

例題 7.1 終わり

§ 7.4　エネルギーの保存

質点が点 P より点 Q に移動した際，力のなした仕事 W は次のように書ける．

$$W = \int_{\mathrm{P}}^{\mathrm{Q}} \vec{F}\cdot d\vec{s} = \int_{\mathrm{P}}^{\mathrm{Q}} \left(m\frac{d\vec{v}}{dt}\right)\cdot d\vec{s} = m\int_{v_{\mathrm{P}}}^{v_{\mathrm{Q}}} v\,dv = \frac{1}{2}mv_{\mathrm{Q}}^2 - \frac{1}{2}mv_{\mathrm{P}}^2 = K(\mathrm{Q}) - K(\mathrm{P}) \quad (7\text{-}12)$$

すなわち，力からなされた仕事は運動エネルギーの増分となる．これと，先のポテンシャルエネルギーの式を結ぶと，

$$W = \int_{\mathrm{P}}^{\mathrm{Q}} = K(\mathrm{Q}) - K(\mathrm{P}) = U(\mathrm{P}) - U(\mathrm{Q}) \quad (7\text{-}13)$$

となる．したがって，

$$K(\mathrm{P}) + U(\mathrm{P}) = K(\mathrm{Q}) + U(\mathrm{Q}) \equiv E \quad (7\text{-}14)$$

が成立し，運動エネルギーとポテンシャルエネルギーの和は常に一定であるという（力学的）**エネルギーの保存則** (energy conservation law) が証明される．ここで，E は（力学的）全エネルギーと呼ばれる．ただし，この法則が成立するのは，保存力のときに限られる．

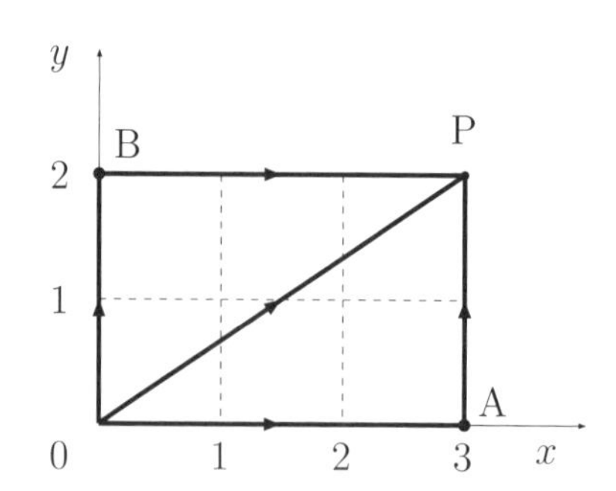

例題 7.2

xy 平面上で運動する質点を考える．この質点に働く力が，

$$\vec{F} = \left(2x + y, x + \frac{1}{2}y\right)$$

である．O(0,0) から P(3,2) まで質点が動くとき，この力のなす仕事を計算する．

(1) 次の 3 つの経路を考える．それぞれについて仕事を求めよ．
- O から x 軸方向に動いて A(3,0) まで行き，さらに y 軸方向に動いて P まで行く．
- O から y 軸方向に動いて B(0,2) まで行き，さらに x 軸方向に動いて P まで行く．
- O から P まで線分 OP に沿って動いて P まで行く．

(2) 前項の結果から，この力は保存力と推定されるかどうか答えよ．

(3) 保存力であると推定される場合は，

$$F_x = -\frac{\partial U}{\partial x}, \qquad F_y = -\frac{\partial U}{\partial y}$$

から，これをみたす $U(x,y)$ を求めよ．そして，その U の差が最初に求めた仕事の値になっていることを確認せよ．

考え方

まず，この力の式 $\vec{F} = \left(2x + y, x + \frac{1}{2}y\right)$ だが，これは xy 面内で質点に働く力は場所によって決まっており，位置 (x,y) にあるとき，その場所の座標の値 x, y で決まっていると考える．したがって，くどいようだが，力の向きと大きさは一様ではない．

仕事の計算には (7-5) 式あるいは (7-6) 式などを用いる．

解法

(1) 最初の経路は $\mathrm{O} \to \mathrm{A}$ と $\mathrm{A} \to \mathrm{P}$ に分割されるので，

$$W_{\mathrm{O}\to\mathrm{P}} = W_{\mathrm{O}\to\mathrm{A}} + W_{\mathrm{A}\to\mathrm{P}}$$

として別々に計算し加える．O $\to$ A は x 軸に沿っての経路なので (7-6) 式から，

$$W_{\mathrm{O}\to\mathrm{A}} = \int_0^3 F_x\,dx$$

となる．ここで $F_x = 2x + y$ であるが，O から A には $y = 0$ である経路を移動するので，$F_x = 2x + 0$ を代入して計算する．よって，

$$W_{\mathrm{O}\to\mathrm{A}} = \int_0^3 2x\,dx = \left[x^2\right]_0^3 = 9$$

となる．次に，A $\to$ P は y 軸に平行な経路なので (7-6) 式と同様に（基本は (7-5) 式），

$$W_{\mathrm{A}\to\mathrm{P}} = \int_0^2 F_y\,dy$$

となる．ここで $F_y = x + (1/2)y$ であるが，A から P には $x = 3$ である経路を移動するので，$F_y = 3 + (1/2)y$ を代入して計算する．よって，

$$W_{\mathrm{A}\to\mathrm{P}} = \int_0^2 \left(3 + \frac{1}{2}y\right) dy = \left[3y + \frac{1}{4}y^2\right]_0^2 = 7$$

となる．以上から次を得る．

$$W_{\mathrm{O}\to\mathrm{P}} = W_{\mathrm{O}\to\mathrm{A}} + W_{\mathrm{A}\to\mathrm{P}} = 9 + 7 = 16$$

第 2 の経路は O $\to$ B と B $\to$ P に分割される．計算の仕方は，第 1 の経路と同様であるので各自試みよ．結果は以下である．

$$W_{\mathrm{O}\to\mathrm{P}} = W_{\mathrm{O}\to\mathrm{B}} + W_{\mathrm{B}\to\mathrm{P}} = 1 + 15 = 16$$

第 3 の経路の場合は，

$$W_{\mathrm{O}\to\mathrm{P}} = \int_{\mathrm{O}}^{\mathrm{P}} \vec{F}\cdot\vec{s} = \int_0^3 F_x\,dx + \int_0^2 F_y\,dy$$

と考える．この場合，積分の始点，終点は O, P の座標から決まる．そして，線分 OP を式で表すと，

$$y = \frac{2}{3}x \quad \text{あるいは} \quad x = \frac{3}{2}y$$

である．この関係が積分経路の上で成立しているので，$F_x = 2x + y = (8/3)x$，$F_y = x + (1/2)y = 2y$ としてよい．x で積分するほうは x だけ，y で積分するほうは y だけで表す．したがって，次のようになる．

$$W_{\mathrm{O}\to\mathrm{P}} = \int_0^3 \frac{8}{3}x\,dx + \int_0^2 2y\,dy = \left[\frac{4}{3}x^2\right]_0^3 + \left[y^2\right]_0^2 = 12 + 4 = 16$$

ここで，第 3 の経路の計算のについては，次のように考えることもできる．OP に沿った

「座標軸」を考える．この座標を s とする．O では $s=0$，P では $s=\sqrt{3^2+2^2}=\sqrt{13}$ である．OP 上で，

$$x=\frac{3}{\sqrt{13}}s, \quad y=\frac{2}{\sqrt{13}}s$$

$\vec{F}$ の OP 方向の成分 F_s は，

$$F_s=\vec{F}\cdot\frac{\overrightarrow{\mathrm{OP}}}{\mathrm{OP}}=\vec{F}\cdot\left(\frac{3}{\sqrt{13}},\frac{2}{\sqrt{13}}\right)=\frac{8x+4y}{\sqrt{13}}=\frac{24s+8s}{13}=\frac{32}{13}s$$

であるので，仕事は，

$$W_{\mathrm{O}\to\mathrm{P}}=\int_0^{\sqrt{13}}F_s\,ds=\left[\frac{16}{13}s^2\right]_0^{\sqrt{13}}=16$$

となる．

(2) 値がすべて等しいので保存力である可能性が高い．

(3) 保存力であれば，関数 $U(x,y)$ が存在して，

$$2x+y=-\frac{\partial U}{\partial x}, \qquad x+\frac{1}{2}y=-\frac{\partial U}{\partial y}$$

を満たす．第 1 式を x で積分すると，

$$U=-x^2-xy+C(y)$$

となる．ここで $C(y)$ はの y 任意関数である．これを第 2 式に代入すると，

$$x+\frac{1}{2}y=-\frac{\partial(-x^2-xy+C(y))}{\partial y}=x-\frac{dC}{dy}$$

となる．これを解くと，

$$C=-\frac{1}{4}y^2+C_0 \quad (C_0\text{は任意定数})$$

となる．任意定数は 0 にとれるので，

$$U=-x^2-xy-\frac{1}{4}y^2$$

となる．
この結果から，

$$U_{\mathrm{O}}=U(0,0)=0, \quad U_{\mathrm{P}}=U(3,2)=-16$$

となるが，これは (1) で計算した，

$$U_{\mathrm{O}}-U_{\mathrm{P}}=W_{\mathrm{O}\to\mathrm{P}}$$

とぴったり一致する．

例題 **7.2** 終わり

確認と演習の準備 ●●●

- 仕事とは何かを理解する，エネルギーと仕事の関係を理解する．
  1. ばね定数が k であるばねが，つりあいの位置から x だけ伸びたときにばねに貯えられるポテンシャル・エネルギーはいくらか．

     $[\frac{1}{2}kx^2]$
- 保存力とは何かを理解する．
  1. 質量が無視できるばね定数 k のばねの一端を固定し，もう一端に質量 m のおもりをつけなめらかな水平台に置いた．つりあいの位置を速さ v でスタートさせたとすると，最大振幅はいくらとなるか．

     $[\sqrt{\frac{m}{k}}\cdot v]$
- 力学的エネルギー保存を理解する．
  1. 地面から高さ h の位置から質量 m の質点を静かに落下させた．高さが h のとき，$h/2$ のとき，0 のときのそれぞれの運動エネルギーとポテンシャル・エネルギーはいくらか．ただし，重力加速度を g とする．

     $[h:(K=0,U=mgh),\quad \frac{h}{2}:(K=\frac{1}{2}mgh,U=\frac{1}{2}mgh),\quad 0:(K=mgh,U=0).]$

演習問題 ●●●

—**A:** 基礎編 —

問 7.1　地面から高さ h の位置から質量 m の質点を静かに落下させた．高さが h のとき，$h/2$ のとき，0 のときのそれぞれの質点の速さを求めよ．ただし，重力加速度を g とする．

問 7.2　地表から初速度 v_0 で鉛直上向きに質量 m の物体を投げ上げた．投げてから t 後のポテンシャル・エネルギー U と運動エネルギー K を求めよ．ただし，ポテンシャル・エネルギーは地表を基準とし，物体は空中にあるとする．また，重力加速度を g とし，空気の抵抗は無視する．

問 7.3　なめらかな水平面上にある物体を大きさ 10 N の力で，水平に対して 60° の角度の方向に押し続けたら，5 m 水平に移動した．このとき，物体になされた仕事はいくらか．

問 7.4　自然長が 20 cm であるばねを 1 cm 伸ばした場合を基準とすると，2 cm 伸ばすためには何倍の力が必要か．また，エネルギーは何倍になるか．

問 7.5　ばね定数が k である質量が無視できるばねに質量 m のおもりをつけ，つりあいの位置 $x=0$ を速さ v でスタートさせたときの，ばねの最大振れ幅はいくらか．

— B: 応用編 —

問 7.6　質点に働く力が $\vec{F} = (y^2, x-1)$ であった場合，例題 7.2 と同じ 3 通りの経路で仕事を計算し，ポテンシャルエネルギーの存在について検討せよ．

問 7.7　地上で質量 m の質点に働く重力について，エネルギー保存則が成立することを次の手順で示せ．

(1)　鉛直上向きに座標軸 z をとる．$F = -mg$ として，任意の時刻 t での $z(t)$, $v(t)$ を求めよ．ただし，$t = t_0 = 0$ で $z = z_0$, $v = v_0$ とする．

(2)　$v = 0$ となるときの t_1 と z_1 を求めよ．

(3)　$z_0 > 0$, $v_0 > 0$ とする．(1), (2) の結果を図示せよ．

(4)　運動エネルギー $K(t)$ とポテンシャルエネルギー $U(t)$ を各々 t, z_0, v_0 で表し，その和が一定であることを具体的に示せ．

(5)　(4) の値が t_0, t_1 での値と一致することを具体的に示せ．

問 7.8　万有引力（(6-8) 式）のポテンシャルエネルギーを次のようにして求めよ．
いま，質量 M が原点 O に固定されていて，その周りを運動する質量 m の物体のポテンシャルエネルギーを考えるとする．

(1)　点 P, Q を原点からの距離が同じ r である 2 点とする．点 P, Q を含む球面に沿った経路を考えると，その経路にそって質点 m を動かすとき，万有引力のする仕事は 0 であることを説明せよ．

(2)　原点 O, P_0, P は一直線上にあり，点 O から点 P, P_0 までの距離は r, r_0 であるとする．点 P_0, P を結ぶ直線に沿った経路を考えると，その経路にそって質点 m を動かすときの，万有引力のする仕事 $W_{P_0 \to P}$ を計算せよ（(7-9) 式）．

(3)　任意の 2 点 P, Q を結ぶ任意の経路は，(1) の球面に沿った経路と (2) の半径方向の経路のみを考えて，これらの微小な経路の折れ線を多数つなぎあわせることで近似できることを用いて，万有引力が保存力であることを説明せよ．

(4)　万有引力のポテンシャルエネルギー $U(r)$ を求めよ．ただし，基準となる点 P_0 は無限遠にとる．

問 7.9　x 軸に沿って運動する質量 m の質点がある．この質点に働く力は保存力で，そのポテンシャルエネルギーは $U(x) = h(e^{cx} + e^{-cx})$ である（h, c は正の定数）．

(1)　定数 h および c の単位を SI 基本単位を組み合わせて表せ．

(2)　この質点に働く力 F を求めよ．

(3)　$U(x)$ のグラフの概形を描け．

(4)　$U(x)$ は $x = 0$ に極小値をもつので，質点は原点の周りで振動する．振幅が小さいと仮定したときの振動の周期 T を求めよ．

[ヒント]　**(28-26)** 式より，$|a| \ll 1$ のとき $e^a \sim 1 + a$ である．

問 7.10　x 軸上で原点に向かって，原点からの距離の n 乗に逆比例する引力の作用を受けて運動する質点がある．ただし，$n > 1$ である．

(1) この力を任意の定数 α を用いて，

$$F = \frac{\alpha}{r^n} \tag{7-15}$$

と表した場合，ポテンシャルエネルギーはどう書けるか．ただし，ポテンシャルエネルギーの原点は無限遠にとる．

(2) 静止している質点が無限遠の位置から動きだして $x = a$ に到達した際の速度と，静止している同じ質点が $x = a$ から動き出して $x = a/4$ に到達したときの速度が同じであったという．n の値はいくらか．

問 7.11　底辺が a [m] の正方形，高さが h [m] の四角錐型のピラミッドのポテンシャルエネルギーを計算し，建設にどれくらいの人数と日数を要したか次の手順で計算せよ．

(1) 底面から高さ y の部分の厚み dy の断面を考える．この断面の正方形の一辺の長さを h, a, y で表せ．また，この断面の体積はいくらか．

(2) ピラミッドが全て一様な密度 ρ [kg/m^3] であるとして，この断面の質量と重力のポテンシャルエネルギー $dU(y)$ を求めよ．ただし，地平面 $(y = 0)$ をポテンシャルエネルギーの原点とし，重力加速度を g とする．

(3) $dU(y)$ を $y = 0$ から $y = h$ まで積分することで，ピラミッド全体のポテンシャルエネルギー U を a, h, ρ, g で表せ．

(4) $a = 200\,\mathrm{m}$, $h = 100\,\mathrm{m}$, $\rho = 3{,}500\,\mathrm{kg/m^3}$ として，U は何 [J] か．

(5) 人間は 1 日に約 2,500 kcal の食物を摂取する．これが全て仕事にかわると仮定すると，人間の仕事率は何 [W] か．

(6) 人間の仕事率は今求めた値の 1/4 と仮定し，1 日 7 時間労働，年間 250 日働くと，一人の人間は年間何 [J] の仕事ができるか．

(7) ピラミッド作成には，石を切り出したり，水平移動したり，積み上げげに失敗したりと，上のポテンシャルエネルギーの計算には勘定されていない仕事がある．そこで，実際の建設には $1000U$ の仕事が必要であったと仮定すると，10,000 人の人が作業に従事したとして延べ最低何日かかったと推定されるか．それは，およそ何年か．

8 質点系の運動(1)

演習のねらい

- 質点系と重心の考え方に慣れる．
- 運動量とは何かを理解する．
- 運動量保存を理解する．

物理量	記号	単位
内力	F_{ij}	[N]
外力	F_j	[N]
全質量	M	[kg]
質量中心の位置	$\vec{R}$	[m]
換算質量	μ	[kg]
運動量	$\vec{p}$	[kg · m/s]
はねかえり係数	e	—

§ 8.1 質点系の運動方程式

質点の有限個の集まりを**質点系** (system of particles) と呼ぶ．この質点系の中の i 番目の質点の質量を m_i，これに j 番目の質点がおよぼす力を $\vec{F}_{ji}$ とする．このように，質点系の内部で互いにおよぼし合う力は**内力** (internal force) と呼ばれる．これに対して質点系外からの力は**外力** (external force) と呼ばれるが，この内，質点 m_i に働くものを $\vec{F}_i$ とする．i 番目の質点の位置ベクトルを $\vec{r}_i$ とすると，その質点の運動方程式は，

$$m_i \frac{d^2\vec{r}_i}{dt^2} = \vec{F}_i + \sum_j \vec{F}_{ji} \tag{8-1}$$

と表される．これを全ての i について加えると，内力についてはニュートンの運動法則の第3法則（4.2節）により，

$$\vec{F}_{ij} = -\vec{F}_{ji} \tag{8-2}$$

であるため，

$$\sum_i m_i \frac{d^2\vec{r}_i}{dt^2} = \sum_i \vec{F}_i \tag{8-3}$$

であることがわかる．

§ 8.2　質量中心とその運動

質点系の**質量中心** (center of mass) の位置ベクトル $\vec{R}$ を，

$$\vec{R} = \frac{\sum_i m_i \vec{r}_i}{\sum_i m_i} \tag{8-4}$$

と定義する．すると質点系の質量中心は，(8-3) 式および (8-4) 式により全質量がそこに集中し，外力が全てそこに働いているときの質点の運動，

$$M\frac{d^2\vec{R}}{dt^2} = \sum_i m_i \frac{d^2\vec{r}_i}{dt^2} = \sum_i \vec{F}_i \tag{8-5}$$

とまったく同じ運動を行うことがわかる．ここで，$M = \sum_i m_i$ は質点系の全質量を表している．

§ 8.3　2 体系と換算質量

前 2 節の議論を 2 つの粒子の場合について考える．

$$m_1\frac{d^2\vec{r}_1}{dt^2} = \vec{F}_1 + \vec{F}_{21}, \quad m_2\frac{d^2\vec{r}_2}{dt^2} = \vec{F}_2 + \vec{F}_{12} \tag{8-6}$$

ここで，質量中心のベクトル $\vec{R}$ と相対位置ベクトル $\vec{\xi}$ を，

$$\vec{R} = \frac{m_1\vec{r}_1 + m_2\vec{r}_2}{m_1 + m_2}, \quad \vec{\xi} = \vec{r}_2 - \vec{r}_1 \tag{8-7}$$

と定義すると，(8-6) 式は次のようになる．

$$M\frac{d^2\vec{R}}{dt^2} = \vec{F}_1 + \vec{F}_2 \tag{8-8}$$

$$\mu\frac{d^2\vec{\xi}}{dt^2} = \vec{F}_{12} + \mu\left(\frac{\vec{F}_2}{m_2} - \frac{\vec{F}_1}{m_2}\right) \tag{8-9}$$

ただし，

$$M = m_1 + m_2, \qquad \mu = \frac{m_1 m_2}{m_1 + m_2} \tag{8-10}$$

である．ここで，(8-8) 式は (8-5) 式を表している．(8-9) 式は，質量 μ，座標 $\vec{\xi}$ の「質点」が運動している場合の運動方程式になっている．この方程式に現れる μ を**換算質量** (reduced mass) と呼ぶ．

この (8-8) 式および (8-9) 式から次のようなことがわかる．もし外力がない場合，あるいは重力下での 2 体系の運動の場合，質量中心の運動は自明である．前者では静止もしくは等速直線運動であり，後者では等加速度運動である．いずれの場合でも，(8-9) 式の右辺は $\vec{F}_{12}$ となる．これは，最初の (8-6) 式の連立方程式が 1 つとなり，問題が非常に簡単になっ

たことを表す.

たとえば，2つの質点をばね（ばね定数 k）で結んで投げた場合，質量中心は通常の放物運動を行い，相対運動は (8-9) 式で単振動を行うことを意味する．ただし，このときの振動は質量 μ の質点の行う振動なので，周期は $\omega = \sqrt{\dfrac{k}{\mu}}$ から求めなくてはいけない.

§ 8.4 運動量と保存則

質点の質量を m，速度を $\vec{v}$ としたとき，

$$\vec{p} = m\vec{v} \tag{8-11}$$

を**運動量** (momentum) と呼ぶ．時間で微分すれば，

$$\frac{d\vec{p}}{dt} = \vec{F} \tag{8-12}$$

となる．普通の言葉で言えば，運動量の変化の大きさが力である．ここで**力積** (impulse) を，

$$(\text{力積}) = (\text{力}) \times (\text{時間}) \tag{8-13}$$

と定義する．質点の運動量の変化はその間に働いた力の力積に等しい．つまり，

$$(\text{終わりの運動量}) - (\text{始めの運動量}) = (\text{その間の力積の和}) \tag{8-14}$$

である．一般的に述べると次のようになる．質点に対して時間 $t_1 \sim t_2$ の間に力 $\vec{F}(t)$ を作用させたとすると，運動量の変化分は，

$$\vec{p}(t_2) - \vec{p}(t_1) = \int_{t_1}^{t_2} \vec{F}(t)\,dt \tag{8-15}$$

と表されるが，これを $\vec{F}$ の t_1 から t_2 までの力積と呼ぶ.

質点系を考えた場合，i 番目の質点の運動量を $\vec{p_i} = m_i\vec{v_i}$ とすると，全体の運動量 $\vec{P}$，その時間変化 $\dfrac{d\vec{P}}{dt}$ は，

$$\begin{aligned} \vec{P} &= \sum_i \vec{p_i} = M\frac{d\vec{R}}{dt} \\ \frac{d\vec{P}}{dt} &= M\frac{d^2\vec{R}}{dt^2} = \sum \vec{F_i} \end{aligned} \tag{8-16}$$

そのため，$\sum \vec{F_i} = 0$ であるならば $\vec{P} = (\text{一定})$ である．これを**運動量保存則** (momentum conservation law) と呼ぶ.

§ 8.5　衝突

2 質点の衝突 (collision) においては，外力がなければ運動量は保存される．すなわち，

$$\vec{p_1}(t_1) + \vec{p_2}(t_1) = \vec{p_1}(t_2) + \vec{p_2}(t_2) \tag{8-17}$$

が成り立つ．外力がある場合でも，衝突の前後においては，(8-17) 式は成り立つ．

質点の衝突では衝突の前後においても運動エネルギーが保存されるので，先の運動エネルギーの保存則と運動量保存則を組み合わせると衝突の前後の運動が解ける．このように，運動量とともに運動エネルギーが保存されるような衝突を**弾性衝突** (elastic collision) という．

一方，構造を持つ物体を質点と近似した場合には，衝突に際して一般的には力学的エネルギーは保存しない．このような衝突は**非弾性衝突** (inelastic collision) と呼ばれる．この場合，現象論的なパラメタとして**反発係数** (coefficient of restitution) e を導入することがよく行われる．例えば，1 次元での 2 質点の衝突では，衝突前後の 2 質点の相対の速さを v および u とすると，

$$u = -ev \tag{8-18}$$

が成り立つ．$e = 1$ のときは弾性衝突，$1 > e$ のときは非弾性衝突である．

例題 8.1

宇宙空間を燃料も含めた質量 M のロケットが速度 V で運動している．いま，質量 Δm の燃料を宇宙空間に対して速さ v でロケットの進行方向と逆の方向に噴射し，その反動でロケットが加速した．このときのロケットの速さはいくらか．

考え方

宇宙空間の慣性系においては，燃料を含めたロケットの系に外力は働かない．そのため，系の運動量は保存されることになる．したがって，燃料の噴射前後における運動量を比較すればよいことが解る．

解法

ロケットの進行方向を x 軸の正方向にとる．この場合，燃料は x の負の方向に噴射されたのであるから，運動量は x 軸方向の成分しかもたない．燃料を噴射した後のロケットの速さを V' とすると，燃料噴射前後の系の運動量は，

$$MV \quad \cdots \quad 噴射前$$
$$(M - \Delta m)V' + \Delta m \cdot (-v) \quad \cdots \quad 噴射後$$

である．したがって，$MV = (M - \Delta m)V' + \Delta m \cdot (-v)$ より，

$$V' = \frac{MV + \Delta m \cdot v}{M - \Delta m}$$

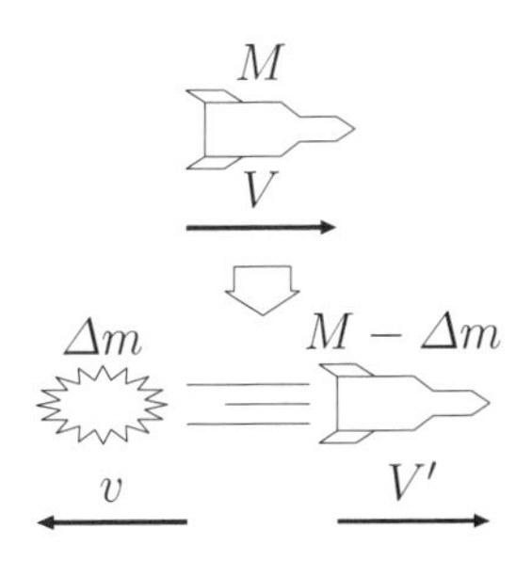

図 8-1: ロケットの加速

が導かれる．

例題 8.1 終わり

確認と演習の準備 ●●●

- 質点系と重心の考え方に慣れる．
  1. 長さ 0.6 m の棒（質量は無視できるものとする）の両端に，それぞれ質量 2 kg と 4 kg のおもりをつけた．重心の位置を求めよ．また，棒を支えるためには，重心をどのくらいの力で支えればよいか．ただし，重力加速度を 9.8 m/s とする．

     [質量 2 kgのおもりから, 0.4 m の位置, 58.8 N]
- 運動量とは何かを理解する，運動量保存を理解する．
  1. 「弾性衝突」,「非弾性衝突」,「完全非弾性衝突」の違いを説明せよ．

     [略]
  2. 次の文章の空欄に入る適当な語句を答えよ．
     質量 m の 2 つの質点が直線上にあり，静止している質点に一定速度 v で他方の質点が弾性衝突をした．この衝突において，[　　　]と[　　　]が保存される．しかし，非弾性衝突では[　　　]が保存されない。

     [運動量，運動エネルギー，運動エネルギー]
  3. 質量が m である物体が速さ v で壁に垂直に衝突した．弾性衝突とすると，壁が物体から受けた力積はいくらか．

     [$2mv$]
  4. 質量 0.2 kg と質量 0.3 kg の鉛が互いに反対方向からそれぞれ 100 m/s の速さで飛んできて衝突し，一体となって進んだ．このときの一体となった鉛の速さと失った運動エネルギーの量を求めよ．

     [20 m/s, 2400 J]

演習問題 ●●●

—**A:** 基礎編 —

問 8.1　同一の質量 m の 2 つの質点 A, B が xy 平面上を運動する．質点 A が原点で静止し，質点 B が x 軸の負部分に沿って速度 $\vec{v} = (v, 0)$ で運動してきて原点で衝突した（$v > 0$）．衝突後，質点 A は速度 $\vec{u} = (u_x, u_y)$ で運動したならば，質点 B の速度はいくらになるか．

問 8.2　質量が M であるおもりが，なめらかな水平面上に静止して置かれている．そこへ，質量が m である弾丸を速さ v で水平面に沿った方向で撃ちこんだところ，内部にめりこんで一体となった．弾丸が撃ちこまれた後のおもりの速さはいくらか．また，このとき失われた力学的エネルギーはいくらか．

問 8.3　質量 0.2 kg と質量 0.3 kg の鉛が互いに反対の方向からそれぞれ 100 m/s の速さで

飛んできて衝突し，一体となった．このときの速さはいくらか．また，どれだけの力学的エネルギーが失われたか．

問 8.4 質点とみなせる質量 m のボールがある．このボールは床にぶつかると，衝突寸前の速さの e 倍の速さで跳ね返る $(0 < e < 1)$．このボールを高さ H から静かに落下させた．

(1) 1 回目に床にぶつかるとき，ぶつかる寸前の速さ v_0 を求めよ．

(2) 1 回目に床にぶつかった後，跳ね返るときの速さ v_1 を求めよ．

(3) n 回目に床にぶつかった後，跳ね返るときの速さ v_n を求めよ．

(4) n 回目に床にぶつかった後，ボールはある高さまで上昇し，そこから落下する．この高さ h_n を求めよ．

— B: 応用編 —

問 8.5 質量 m, $2m$, $3m$ の 3 つの質点が，それぞれ xy 平面の座標 $(1, 1)$, $(-1, 1)$, $(0, -1)$ にある．

(1) この質点系の質量中心の座標を求めよ．

(2) m の位置を変えて質量中心を原点としたい．m の質点の位置を求めよ．

問 8.6 質量 1 トンの車が時速 60 km で壁に衝突して止まった．

(1) 壁に与えられた力積はいくらか．

(2) 衝突して停止するまで 0.5 秒かかったとすると，このとき車に働いた力は平均いくらか．これはこの車にかかる重力の何倍か[1]．

問 8.7 質量が m_1, m_2 $(m_1 > m_2)$ である 2 つの質点を両端に結びつけた質量のない糸をなめらかな滑車にかけて静かに放すとき，各質点および質量中心のもつ加速度を求めよ．ただし，滑車の半径は a であり，滑車自身の回転運動の影響は考えないものとする．また，重力加速度を g とする．

問 8.8 なめらかな水平面上に 2 個の質点 (質量 M, m) を，自然の長さ ℓ_0 の軽いばねの両端に取り付ける．このばねのばね定数を k とする．

(1) 質点を押してばねを縮め，ばねの長さが ℓ になるまで両質点を近づけた．このとき，ばねのポテンシャルエネルギーはいくらか．

(2) その状態で，質点を静かに放した．ばねの長さが ℓ_0 になった瞬間の質点 M と質点 m の速度を求めよ．

問 8.9 なめらかで水平な床の上に質量 M，長さ ℓ の一様な板がおいてある．板の一端にいた質量 m の人がもう一方の端まで移動して静止したとき，板の移動量を求めよ．

問 8.10 質量 m の弾丸を水平な台の上におかれた厚さ L，質量 M の木材に打ち込む．

(1) 木材を床に固定して弾丸を速さ v で打ち込んだところ，ちょうど深さ $L/2$ まで侵入した．この弾丸が木材を通過するのに必要な最小の速さ v_1 はいくらか．なお，弾

[1]安全運転をしましょう．

丸は木材に侵入した後，一定の力を受けると仮定する．

(2) 木材を固定せず，なめらかな床に置いて速さ v_1 で打ち込むとき，弾丸は木材中に止まり一緒に運動する．この速さ v_2，弾丸が木材に侵入する深さ ℓ，この間に木材の移動する距離 d を求めよ．

問 8.11 質量 m の球 A を静止している質量 M の球 B に速度 $\vec{v}_0$ で衝突させた．衝突後，A は速度 $\vec{v}$，B は速度 $\vec{V}$ となったが，$\vec{v}$ と $\vec{V}$ は垂直であった．衝突は弾性衝突であるとしたとき，m/M はいくらか．

9 質点系の運動(2)

演習のねらい

- 回転運動に慣れる.
- 角運動量とは何かを理解する.

物理量	記号	単位
位置	$\vec{r}$	[m]
力	$\vec{F}$	[N]
運動量	$\vec{p}$	[kg · m/s]
角運動量	$\vec{\ell}$	[kg · m^2/s]
力のモーメント	$\vec{N}$	[N · m]

§ 9.1 質点系の運動エネルギー

質点系の運動エネルギーは，質量中心の運動エネルギーとそれに対する各質点の**相対運動** (relative motion) の運動エネルギーの和で表される．これを式で表すと，原点に対する質量中心の速度を $\vec{V}$，質量中心から見た質点 i の原点に対する速度を $\vec{v}_i$，相対速度を $\vec{v}_i{}'$，質量を m_i，全質量を M とすると，

$$\sum_i \left(\frac{1}{2}m_i\vec{v}_i{}^2\right) = \frac{1}{2}M\vec{V}^2 + \sum_i \left(\frac{1}{2}m_i\vec{v}_i{}'^2\right) \tag{9-1}$$

となる．

§ 9.2 角運動量

任意のある点Oに対する位置ベクトルが $\vec{r}$ である点に力 $\vec{F}$ が働くとき，$\vec{r}\times\vec{F}$ は点Oに対する**力のモーメント** (moment of force) と呼ばれ，物体を点Oのまわりで回転させる働きを表す（第10章参照）．この力のモーメントの大きさ $N = Fr\sin\theta$ （(θ は $\vec{r}$ と $\vec{F}$ のなす角）は**トルク** (torque) と呼ばれる．同様に運動量のモーメントも $\vec{\ell} = \vec{r}\times\vec{p}$ で定義されるが，これは**角運動量** (angular momentum) とも呼ばれる．角運動量の時間についての1階微分は，

$$\frac{d\vec{\ell}}{dt} = \frac{d\vec{p}}{dt}\times\vec{p} + \vec{r}\times\frac{d\vec{p}}{dt} = \vec{r}\times\vec{F} = \vec{N} \tag{9-2}$$

と計算され，力のモーメントと等しいことがわかる．したがって，$\vec{F}$ が**中心力** (central force) である場合は $\vec{N}=0$ であるので，角運動量は一定 (面積速度が一定) となる．

ニュートンの運動法則の第3法則（4.2節）を考慮すると内力どうしの寄与は消えるので，質点系の全角運動量は，

$$\frac{d\vec{L}}{dt}=\sum_i \vec{r}_i\times\vec{F}_i=\sum_i \vec{N}_i \tag{9-3}$$

となり，全角運動量の時間的変化の割合は，系に働く外力のモーメントの和に等しいことになる．ここで，$\vec{L}=\sum_i \ell_i$ である．このことから，外力がないか，モーメントの和が0のときには $\vec{L}$ は保存されることになる．これは，**角運動量保存則** (law of angular momentum conservation) と呼ばれる．たとえば，第6章で学んだ中心力の場合，$\vec{r}//\vec{F}$ となるので，角運動量は保存される．しかし，$\sum\vec{F}=0$ だからといって，必ずしも $\sum\vec{N}=0$ にはならないので，注意が必要である．

例題 9.1

質量 m の質点が，距離の2乗に逆比例する中心力を受けて円運動している．半径が r_0 のときの角運動量が ℓ_0 であったとすると，半径が $2r_0$ のときの角運動量はいくらになるか．また，運動エネルギーは何倍になるか．

考え方

中心力の作用の下で運動するとき，角運動量は一定になる．この場合は円運動であるので，等速円運動であることがわかる．

改めて，等速円運動の場合に働く力を確認すること．

解法

比例定数を α として中心力を，

$$F=-\frac{\alpha}{r^2}$$

であらわすと，半径が r_0 のときの質点の速さを v_0 とした場合，

$$m\frac{{v_0}^2}{r_0}=\frac{\alpha}{{r_0}^2}$$

の関係が成り立つ．ここで，

$$v_0=\sqrt{\frac{\alpha}{mr_0}}$$

が導かれ，角運動量の大きさは $\ell_0=mv_0r_0$ であるのだから，

$$\ell_0=\sqrt{\alpha mr_0}$$

であることがわかる．したがって，

$$\ell=\sqrt{\alpha m\cdot(2r_0)}=\sqrt{2\cdot(\alpha mr_0)}=\sqrt{2}\ell_0$$

である．また，r_0 のときの運動エネルギーを K_0 で表せば，

$$K_0 = \frac{1}{2}mv_0 = \frac{1}{2}\frac{{\ell_0}^2}{m{r_0}^2}$$

なので，

$$K = \frac{1}{2}mv = \frac{1}{2}\frac{\ell^2}{m(2r_0)^2} = \frac{1}{2}\left(\frac{1}{2}\frac{{\ell_0}^2}{m{r_0}^2}\right) = \frac{1}{2}K_0$$

と，$\frac{1}{2}$ になることがわかる．

例題 9.1 終わり

確認と演習の準備 ●●●

- 回転運動に慣れる．
  1. 全ての静止衛星は地球の中心から 4.22×10^7 m の位置を周回している．2 つの静止衛星が，地球の中心から見て 2° だけ離れているとした場合，周回軌道上の距離としてどれだけはなれているか．

     [1.47×10^6 m]

- 角運動量とは何かを理解する．
  1. 体操競技の鉄棒で，ある選手が 2 回転するのに 1.80 s かかったとする。このとき，選手の重心は鉄棒を握った先から 1.00 m の位置にあり，体重は 60 kg であったとする．選手の回転の角速度と角運動量を求めよ．

     [6.99 rad/s, 418.88 kg · m^2/s]

演習問題 ●●●

— A: 基礎編 —

問 9.1　質量 m の質点が，xy 平面上で半径 r，角速度 ω が一定の原点を中心とした円運動をしている．

(1)　円の中心から見た質点の角運動量を求めよ．

(2)　点 (a, b) から見た質点の角運動量を求めよ．

[ヒント]　**(6-3)** 式を見よ．

問 9.2　棒に結ばれたひもの先に質点がついて回転している．ひもが棒に巻きつくにしたがい質点の回転速度は早くなる．ひもの巻きついていない長さが ℓ のときの速さを v とすると，両者の関係を「$\cdots =$ (一定)」の形で答えよ．

— B: 応用編 —

問 9.3　N 個の質点からなる質点系を考える（記号は第 8 章参照）．質量中心（(8-4) 式）

に相対的な位置ベクトル $\vec{r}_i'$（質量中心を原点とする座標系での位置ベクトル）は，

$$\vec{r}_i = \vec{R} + \vec{r}_i' \tag{9-4}$$

と定義される．

$$\sum_i m_i \vec{r}_i' = 0 \tag{9-5}$$

を証明せよ．

問 9.4　N 個の質点からなる質点系を考える．(9-4) 式，(9-5) 式を活用して，(9-1) 式を証明せよ．

[ヒント] 定義から $\vec{v}_i' = d\vec{r}_i'/dt$ である．

問 9.5　N 個の質点からなる質点系を考える．(9-4) 式，(9-5) 式を活用して，系の全角運動量 $\vec{L}$ が，質量中心の角運動量 $\vec{L}_{\mathrm{G}}$ と質量中心に相対的な角運動量の合計 $\sum \vec{\ell}_j'$ の和であることを証明せよ．

[ヒント] 角運動量の定義から次式を得る．

$$\vec{L}_{\mathrm{G}} = M\vec{R} \times \frac{d\vec{R}}{dt}, \qquad \vec{\ell}_i' = \vec{r}_i' \times m_i \frac{d\vec{r}_i'}{dt} \tag{9-6}$$

問 9.6　長さ L の振り子を考える．ひもの質量は無視できるものとする．ひもの先端につけた質点の質量を m とし，ひもが鉛直線となす角度を φ とする．角運動量と力のモーメントの関係式（(9-2) 式）を用いて，振り子の運動方程式を以下の手順で求めよ．なお，角運動量などはひもの固定点を基準にして考える．また，振り子の運動面に垂直な方向を z 軸とする．

(1)　速度の大きさを L, φ を用いて表せ．

(2)　角運動量の運動面に垂直な成分（z 成分）を求めよ．

(3)　質点に働く力のモーメントの運動面に垂直な成分（z 成分）の大きさを求めよ．

(4)　振り子の運動方程式を求めよ．

問 9.7　ケプラーの第 2 法則（6.3 節）は，実は角運動量保存則であることを次の手順で示せ．ただし，太陽は原点 O で不動であり，角運動量は O を基準に考える．また，惑星の質量を m とし，公転面に垂直な方向を z 軸とする．

(1)　時刻 t および $t + \delta t$ の惑星の位置を P, P′ とする．時間間隔 δt は微小量なので，$\mathrm{OP} = r \simeq \mathrm{OP}'$ であり，角度 $\angle\mathrm{POP}' = \delta\varphi$ も微小であるとすると，3 角形 OPP′ の面積 δS を求めよ．

(2)　位置 P での速度は，

$$\delta\vec{r} = \overrightarrow{\mathrm{PP}'}, \qquad \vec{v} \simeq \frac{\delta\vec{r}}{\delta t}$$

である．これから位置 P での角運動量の z 成分 ℓ_z を求めよ．

(3) 面積速度とは単位時間あたりに動径が掃く面積であるから,

$$面積速度 = \frac{\delta S}{\delta t}$$

である. 面積速度が一定であることが, 角運動量が一定であることと同等なことを示せ.

したがって, 万有引力は中心力であることになる.

10 静力学

演習のねらい

- 単純な形状の重心の位置を計算できるようにする。
- 拡がりをもった物体にかかる力の関係を理解する.

物理量	記号	単位
質量	M	[kg]
重心座標	R	[m]
力	F	[N]
力のモーメント	N	[N · m]
抗力	H	[N]
摩擦力	f	[N]
静止摩擦係数	μ	—
動摩擦係数	μ'	—

(注：抗力, 摩擦力を表す記号は特に決まっていない.)

§ 10.1　剛体の重心

剛体を多数の質点の集まりと考えると，その質量中心が定義できる ((8-4) 式参照) . これを剛体の**重心** (center of gravity) と呼ぶ. 一様な剛体の場合，幾何学的な中心が重心である場合が多く，直方体，球や円柱などの場合がそうである[1] . 重心は物体の内部にある必要はない. たとえば一様な円輪の場合，重心は円の中心になる. 剛体の質量を M として，重心の座標 $\vec{R}$ は次の式で計算される.

$$\vec{R} = \frac{1}{M}\sum_j \vec{r}_j\,\delta m_j \tag{10-1}$$

ここで，剛体を多数の部分に分割し，j 番目の部分の位置ベクトルが $\vec{r}_j$ でその質量が δm_j である. たとえば，$\vec{R}$ の x 成分 R_x を求めるとする. このとき，剛体は x 軸について見ると $x = a$ から $x = b$ までにあるとする. この剛体を x 軸に垂直にスライスされたハムなどのように多数の薄い板に切るとする. 位置 x で切断した「厚さ δx の薄切り部分」の質量が

[1] 「一様な」の語は密度が一定という意味で使う.

$m(x)\delta x$ であるとすると，

$$R_x = \frac{1}{M}\int_a^b x \cdot m(x)\, dx \tag{10-2}$$

である．

例題 10.1

高さ h，半径 r，質量 M の一様な直円錐の重心を求めよ．

考え方

重心は「対称性」から中心軸の位置にある．では，それがどこか，ということになる．(10-2) 式で説明したように，直円錐を中心軸に垂直に多数の薄板に分解すると，大きさの違った薄い円板の集まりとなる．この円板それぞれの質量を考えて，質点系のときと同じように質量中心を考えればそれが重心となる．正確に計算するためには，(10-2) 式 で積分すればよい．

なお,「一様な物体」の場合，部分の質量は体積比により求めることができることを注意しておく．

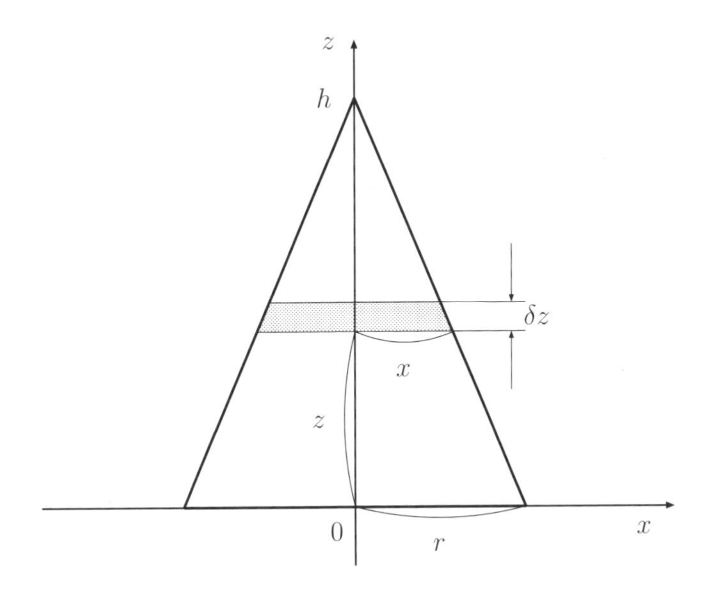

図 10-1: 円錐の重心

解法

円錐の中心軸に沿って z 軸を作り，底面が $z=0$，頂点が $z=h$ であるように座標をとる．z で円錐を切断すると，そのときの切断面の円の半径 x は，

$$x = r\frac{h-z}{h}$$

である（三角形の相似を考えよ）．

z と $z+\delta z$ で切断された，厚さ δz の薄板の質量は，

$$\frac{\text{薄板の体積}}{\text{全体の体積}}\cdot\text{全体の質量}=\frac{\pi x^2\delta z}{\frac{1}{3}\pi r^2 h}\cdot M$$

と計算される．この式が $m(z)\delta z$ であるから，

$$m(z)=M\frac{3(h-z)^2}{h^3}$$

である．(10-2) 式から，

$$R_z=\frac{1}{M}\int_0^h zm(z)dz=\frac{h}{4}$$

となり，これが重心の位置を与える．

例題 10.1 終わり

§ 10.2　力のモーメント

物体の直進的な運動を変化させる原因は力 $\vec{F}$ であり，力の大きさが変化の大きさを決める．質点の場合は力のみを考えればよかったが，剛体など大きさのある物体の場合は回転運動をも考える必要がある．物体を回転させるには，力の大きさのみならず，**回転半径** (radius of gyration) または「腕の長さ」も重要である．これは日常，ハンドル，シーソー，ねじ回しなどにより経験するところである．そこで，回転の中心を基準点 O，力 $\vec{F}$ の作用点を P として，位置ベクトル $\overrightarrow{\mathrm{OP}}=\vec{r}$ と力 $\vec{F}$ の外積，

$$\vec{N}=\vec{r}\times\vec{F} \tag{10-3}$$

を定義する．この $\vec{N}$ は**力のモーメント** (moment of force) $\vec{N}$ と呼ばれ，物体の回転運動を変化させるものである．基準点がどこであっても，以下の力のつりあいに関する議論は成立する．ただし，どこを基準点に選ぶかで計算の難易度は変化する．普通は重心などを基準点に選ぶ．ベクトル $\vec{N}$ は回転軸の方向を向いている．その大きさは，$\vec{r}$ と $\vec{N}$ のなす角を θ として，

$$N=rF\sin\theta \tag{10-4}$$

と与えられる．

§ 10.3　静止条件

剛体が静止しているための十分条件は次の 2 つの式である．

$$\sum\vec{F}=0,\qquad\sum\vec{N}=0 \tag{10-5}$$

つまり，剛体に働く力のベクトル和が 0 であり，力のモーメントの和が 0 であることが要求される．

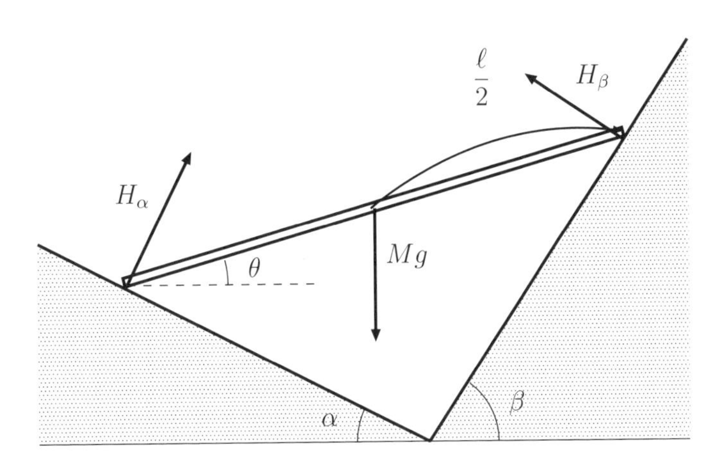

図 10-2: 斜面と棒

物体に働く力が同一平面内にある場合に限定すれば，力のモーメントに関する条件はもう少し簡単になる．(10-4) 式で計算して，

$$\text{同一平面内のとき} \qquad \sum(\text{左回りの } N) = \sum(\text{右回りの } N) \tag{10-6}$$

とすればよい．

例題 10.2

なめらかな斜面がV字型に交わっており，それぞれの斜面は水平面に対して，それぞれ角度 α，β をなしている ($\alpha < \beta$)．この斜面に長さ ℓ，質量 M の一様な細い棒を静かにおいた（図 10-2 参照）．棒が安定につりあうとき，棒が水平面となす角度 θ を求めよ．

考え方

このような問で,「なめらかな」,「あらい」という形容詞は要注意である．これらはそれぞれ,「摩擦がある」,「摩擦がない」ということを意味している．

どのような場合でも，まず，どのような力が働いているのか状況をよく見て理解しなくてはいけない．必要に応じ，図も描くこと．今の場合，棒に働く力は，重力とそれぞれの斜面からの抗力である.「なめらか」なので摩擦力はない．抗力は面に垂直である．

解法

棒に働く力の大きさを重力は Mg，それぞれの斜面からの抗力は (H_α，H_β とする．

力のつりあい $\sum \vec{F} = 0$ は，

$$\text{水平方向:} \qquad H_\alpha \sin\alpha - H_\beta \sin\beta = 0$$
$$\text{鉛直方向:} \qquad H_\alpha \cos\alpha + H_\beta \cos\beta = Mg$$

となり，棒の重心の周りの力のモーメントのつりあいは，

$$H_\alpha \cdot \frac{\ell}{2} \sin\left\{\frac{\pi}{2} + (\alpha + \theta)\right\} = H_\beta \cdot \frac{\ell}{2} \sin\left\{\frac{\pi}{2} + (\beta - \theta)\right\}$$

となる．ここで$\alpha < \beta$を考慮した．

この3つの式を連立させて解く．最初の2つの式から，

$$H_\alpha = \frac{Mg\sin\beta}{\sin(\alpha+\beta)}, \quad H_\beta = \frac{Mg\sin\alpha}{\sin(\alpha+\beta)}$$

となる．これを3番目の式に代入して整理すると，

$$\tan\theta = \frac{\sin\beta\cos\alpha - \sin\alpha\cos\beta}{2\sin\alpha\sin\beta}$$

を得る．これにθよりが決まる．

例題 **10.2** 終わり

確認と演習の準備 ●●●

- 単純な形状の重心の位置を計算できるようにする．
  1. x軸上の点$x=0$と$x=10$にそれぞれ質量3 kgと2 kgの質点がある．重心の位置を答えよ．

     [$x=4$の位置]
  2. xy平面上の点A$(a,0)$と点B$(-a,0)$に質量mの質点がある．y軸上に点Cをとり，そこに質量Mの質点を置いた．
     (a) 点Cの座標を答えよ．
     (b) $M=m$であった場合，3つの質点の重心を答えよ．
     (c) $M>m$であった場合，3つの質点の重心を答えよ．

$$\left[\text{(a)}\ \left(0, \frac{\sqrt{3}}{2}a\right), \quad \text{(b)}\ \left(0, \frac{\sqrt{3}}{6}a\right), \quad \text{(c)}\ \left(0, \frac{\sqrt{3}M}{2(2m+M)}a\right)\right]$$

- 拡がりをもった物体にかかる力の関係を理解する．
  1. れぞれ0.2 kgと0.6 kgのおもりをつけた（体積は無視できるものとする）．棒を水平に保つためにはどうすればよいか．

     [端Aから0.3 mの位置を支える.]

演習問題 ●●●

—**A:** 基礎編 —

問 10.1　質量1 kgのおもりに2本の糸をつけた．それぞれの糸の端をA, B，おもりの位置を点Oとすると，$\overline{\mathrm{AO}} = 0.3\,\mathrm{m}$，$\overline{\mathrm{BO}} = 0.4\,\mathrm{m}$であった．この端A, Bを水平な天井に$\angle\mathrm{AOB} = 90°$となるように固定したとき，点Aにおよぼす張力と点Bにおよぼす張力をそれぞれ求めよ．ただし，重力加速度を$g = 9.8\,\mathrm{m/s^2}$とする．

問 10.2　質量M，長さℓの一様な細い棒がなめらかな鉛直面とあらい水平床面に接して

置かれている．面との間の摩擦係数を μ，床面となす角度を θ とするとき，この棒が安定であるための条件を求めよ．

問 10.3　水平な天井から長さの等しい 2 本のばね A, B で棒を水平につるした．ばねと棒の質量は無視できるものとする．A, B のばね定数はそれぞれ，2000 N/m, 1000 N/m である．この棒に質量 1.5 kg のおもりを適当な位置でつるしたところ，それぞれのばねは同じ長さだけ伸びて棒は水平を保ったままとなった．ばねの伸びはいくらか．ただし，重力加速度は 9.8 m/s^2 とし，ばね A, B は常に鉛直を保っているものとする．

問 10.4　質量の無視できる 1 辺が 0.3 m の正方形の板があり，その頂点を反時計回りに点 A, B, C, D とする．点 A, B, C, D のそれぞれに 1 kg, 2 kg, 3 kg, 4 kg の質点が取り付けられている．この板の重心は面上となるが，その位置を求めよ．

— B: 応用編 —

問 10.5　半径 r，質量 M の一様な半円形の板がある．この板の重心はどこにあるかを以下のように考えた．

半円板を xy 平面におき，半円板が $x \geq 0$ にあるとする．あきらかに，重心の y 座標は 0，つまり x 軸上にあるので，重心の x 座標 R_x を求める．

(1) 半円板の面積はいくらか．

(2) $(x, x+\delta x)$ において，x 軸に垂直に円板を切る．この細い部分の面積を求めよ．

[ヒント]　δx を微小量と考えると，細い部分は近似的に長方形とみなすことができる．

(3) (10-2) 式の $m(x)$ に当たる質量成分を求めよ．

(4) R_x を求めよ．

問 10.6　なめらかな鉛直の壁と水平な粗い床に長さが 10 m，質量が 12 kg のはしごがたてかけてある．壁からはしごの接地点までの距離は 6 m であり，床とはしごの間の摩擦係数は 0.5 である．ただし，重力加速度を 10 m/s^2 とする．

(1) はしごの両端に働く力の水平成分，垂直成分をそれぞれを求めよ．

(2) このはしごを，質量 60 kg の人が登りはじめた．どこまで登れるか．

問 10.7　水平面となす角が θ の斜面上に質量 M の物体があり，2 点 P, Q で斜面に接している（点 P のほうが下方）[2]．物体の重心 G から斜面に垂直に斜面におろした点を点 H とする．G と H の距離を h，H と P, H と Q の間の距離をともに b とする．斜面と点 P, Q での摩擦係数は μ である．

(1) この物体が静止しているとする．点 P, Q での抗力の大きさを $H_{\rm P}, H_{\rm Q}$ とし，摩擦力の大きさを $f_{\rm P}$，$f_{\rm Q}$ とするとき，どのような条件式が成立しているか書き，$H_{\rm P}$，$H_{\rm Q}$ を求めよ．

(2) (1) の条件が成立していている場合，徐々に斜面の角度を大きくしていったら物体が動きだした．

[2]自動車が斜面にあって，前輪と後輪で斜面に接地している様子を思い描けばよい．

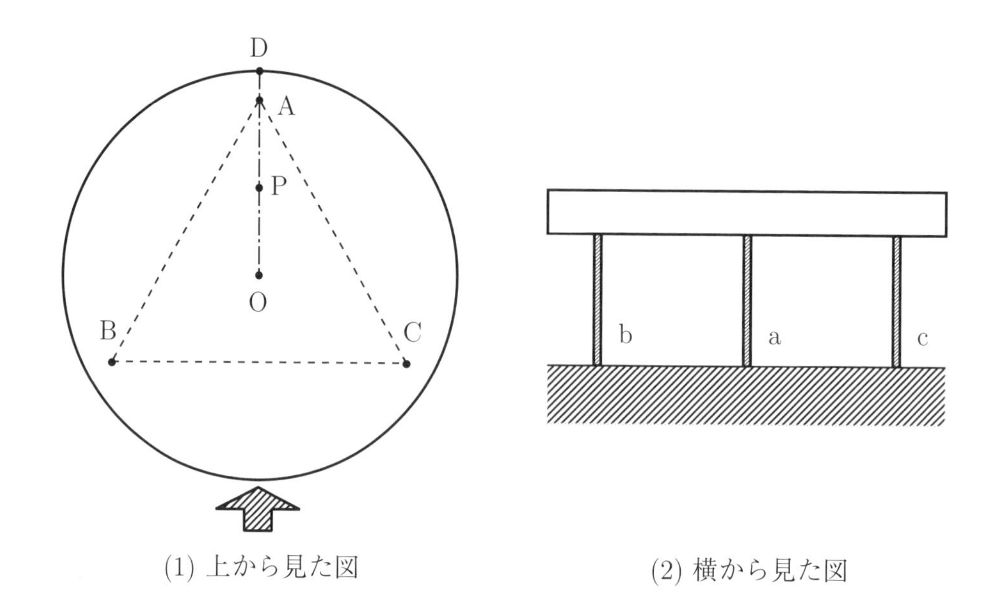

図 10-3: 問 10.8 のテーブル

- 滑り落ちた場合，
- 前のめりにひっくり返る場合，

のそれぞれの場合における斜面の角度を求めよ．

問 10.8 [3] 図 10-3 に示すように，3 本足の円形の丸テーブルが水平な床の上に置かれている．図 10-3(1) は鉛直上方から見た様子であり，(2) は (1) の矢印の方向から水平に見た様子である．

円板の形をしたテーブル面の部分は厚みと密度が一様で，円の半径は 70 cm，質量は 12 kg である．3 本の足（これらを a, b, c と呼ぶ）はまっすぐで，すべて同じ長さであり，太さと質量は無視できるものとする．3 本の足は円板の面に垂直にとりつけられている．テーブルの各部分や床は変形しないものとする．

水平なテーブルの表面上で，円板の円の中心を点 O，足 a, b, c が取り付けられている位置を反時計回りに点 A, B, C とする．点 A, B, C は点 O から 60 cm の位置にあり正三角形をなしている．

重力加速度の値は $10\,\mathrm{m/s^2}$ とする．以下の問に答えよ．

(1) このテーブルの 1 つの足が床面から受ける垂直抗力の値を答えよ．

(2) 点 O から点 A 方向に伸ばした直線が円周と交わる位置を点 D とする．点 D に手をかけて力を鉛直上向きにかけたところ，足 a が床面からわずかに持ち上がった．このときの力の大きさを答えよ．

(3) テーブルから手を離し，今度は点 D から円の中心に向かって水平な力を加え，そ

[3]工学院大学 2004 年度入学試験問題より．

の大きさを徐々に大きくしていった．そして，力の大きさが 42 N となったときテーブルが水平方向に動いた．床面と足の間の静止摩擦係数の値を答えよ．

(4) テーブルから手を離し，一様な球形の質量 9 kg のおもりをテーブルの表面の点 P に置いた．点 P は点 O と A を結ぶ線分上にあり，点 O から 30 cm 離れている．足 a, b, c が床面から受ける垂直抗力の値を答えよ．

(5) 前項の状態で，もう 1 つの同様な質量 9 kg のおもりをテーブルの表面の点 Q に置いたところ，足 a, b, c が床面から受ける垂直抗力の値は 3 : 2 : 1 となった．2 つのおもりは接触していない．$\theta = \angle \mathrm{POQ}$ とする．$\tan\theta$ を答えよ．

問 10.9　半径 a，高さ $4a$，質量 M の薄い中空の円筒がある（底面はない）．この円筒をなめらかな水平面に立てて，その中に半径 r，質量 m の球を 2 つ，上から順に入れた．いま，$r < a < 2r$ であるので，球 1 は床面，円筒，球 2 に接触し，球 2 は円筒，球 1 に接触している．球同士，球と円筒，球と床の間には摩擦力がないとした場合，円筒が倒れないための条件を求めよ．

11 剛体の慣性モーメント

演習のねらい

- 慣性モーメントの性質を理解する.
- 単純な形状の慣性モーメントを計算できるようにする.

物理量	記号	単位
慣性モーメント	I	$[\mathrm{kg \cdot m^2}]$

§ 11.1　慣性モーメント

質点の場合，**質量** (mass) という概念はもともとある力を加えたときの「動かし易さ・動かしにくさ」から生まれたものであった．剛体の場合でも，並進運動に関してはやはり剛体全体の質量 M が同じ役割を担っている．しかし回転運動に関して,「回転させ易さ，回転させにくさ」の目安は単に質量ではない．これを表すのが**慣性モーメント** (moment of inertia): I である．単位は $[\mathrm{kg \cdot m^2}]$ である．

$$(\text{慣性モーメントのイメージ}) = (\text{質量}) \times (\text{回転半径})^2 \tag{11-1}$$

一般の剛体の回転に際しては，その剛体を多数の小部分に分割し，それぞれの部分の慣性モーメントを合計して剛体全体の慣性モーメント I とする．

$$I = \sum b_j^2 \delta m_j \tag{11-2}$$

$b_j = j$ 番目の部分の回転軸からの距離

$\delta m_j = j$ 番目の部分の質量

あるいは次のように考えてもよい．剛体をいくつかの部分 $a, b, c, \cdots$ に分けたとき，それぞれの部分の慣性モーメントを $I_a, I_b, I_c, \cdots$ とすると次のようになる．

$$I = I_a + I_b + I_c + \cdots \tag{11-3}$$

なお，質量は物体それ自体で決まる量であるが，慣性モーメントは回転軸を与えて初めて定義できる．

§ 11.2　平行軸の定理

質量 M の剛体があり，重心を通る回転軸 z と，それに平行な回転軸 z' を考える．平行線 $z-z'$ の間の距離を d とする．

$$I(z'\text{の周り}) = I(z\text{の周り}) + Md^2 \tag{11-4}$$

これを平行軸の定理という．

§ 11.3　垂直軸の定理

質量 M の薄い板状の剛体がある．面に垂直な軸 z を1つとる．z の周りの慣性モーメントを I とする．z と剛体の交点をOとし，点Oを通り剛体を含む面内に，互いに垂直な軸を2つとり，それらの周りの慣性モーメントを I_x, I_y とする．

$$I = I_x + I_y \tag{11-5}$$

これを垂直軸の定理という．

§ 11.4　慣性モーメントの例

以下では密度が一様な，質量 M の剛体の重心を通る軸の周りの慣性モーメントを考える．

- 長さが ℓ の細いまっすぐな棒.

$$I_{\mathrm{G}} = \frac{1}{12}M\ell^2 \tag{11-6}$$

- 辺が ℓ, ℓ' の長方形の板．板に平行な回転軸，辺 ℓ' の方に平行とする．このときは長さ ℓ の棒と同じである．

$$I_{\mathrm{G}} = \frac{1}{12}M\ell^2 \tag{11-7}$$

- 辺が ℓ, ℓ' の長方形の板．板に垂直な回転軸（直方体でも同様）．(11-7) 式と垂直軸の定理を参照.

$$I_{\mathrm{G}} = \frac{1}{12}M(\ell^2 + \ell'^2) \tag{11-8}$$

- 半径 r の円板．板に垂直な回転軸（円柱でも同様）．

$$I_{\mathrm{G}} = \frac{1}{2}Mr^2 \tag{11-9}$$

- 半径 r の球.

$$I_{\mathrm{G}} = \frac{2}{5}Mr^2 \tag{11-10}$$

§ 11.5　慣性モーメントの計算法

簡単な例として，図 11-1 のような質量 M，長さ ℓ の一様な棒の慣性モーメント I を計算してみよう．棒は x 軸上で $-\ell/2 < x < \ell/2$ にあり，回転軸が $x=a$ にあるとする．このとき，回転軸は棒に垂直である．図 11-1 のように，位置が x で長さが δx の微小部分の慣性

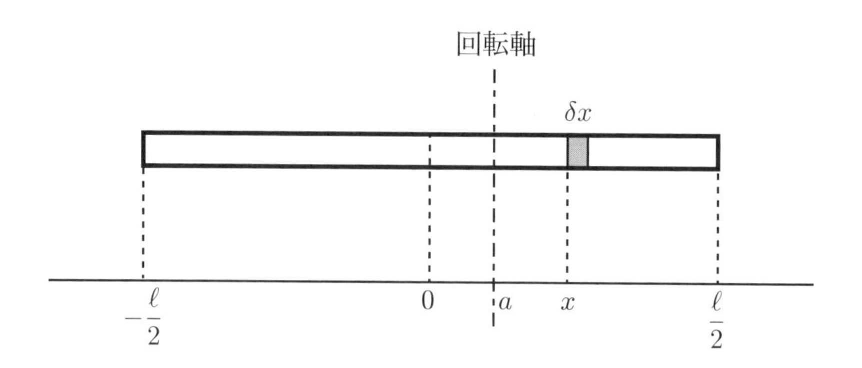

図 11-1: 細い一様な棒の慣性モーメント

モーメントは,

$$M\frac{\delta x}{\ell}\cdot(x-a)^2 \tag{11-11}$$

であり，これを全部集めたものが棒全体の慣性モーメントとなる．つまり,

$$I=\sum M\left(\frac{\delta x}{\ell}\right)\cdot(x-a)^2 \quad\rightarrow\quad I=\frac{M}{\ell}\int_{-\frac{\ell}{2}}^{\frac{\ell}{2}}(x-a)^2dx \tag{11-12}$$

であり，これを計算すると,

$$I=\frac{M}{\ell}\left[\frac{1}{3}(x-a)^3\right]_{-\frac{\ell}{2}}^{\frac{\ell}{2}}=\frac{1}{12}M\ell^2+Ma^2 \tag{11-13}$$

となる．(11-6) 式および平行軸の定理（(11-4) 式）との関係を確認できる．

例題 11.1

半径 a，質量 M の一様な円板の中心を通り，円板に垂直な回転軸の周りの慣性モーメントを求めよ（(11-9) 式）．

考え方

円板を中心の周りの多数の細い円輪に分割する．そして，それぞれの慣性モーメント考え，それらをすべて合計する（(11-3) 式）．合計する計算は積分で書き直す．

円輪は，その質量のある位置が，すべて回転中心から一定の距離にある．したがって，円輪の慣性モーメントは,

$$(\text{円輪の質量})\cdot(\text{半径})^2$$

で与えられる．

また，例題 10.1 と同様,「一様な物体」の場合，部分の質量は体積比により求めることができることを注意しておく．

解法

円板の中心を中心として，円板を多数の細い円輪に分割する（図 11-2）．円板の中心を

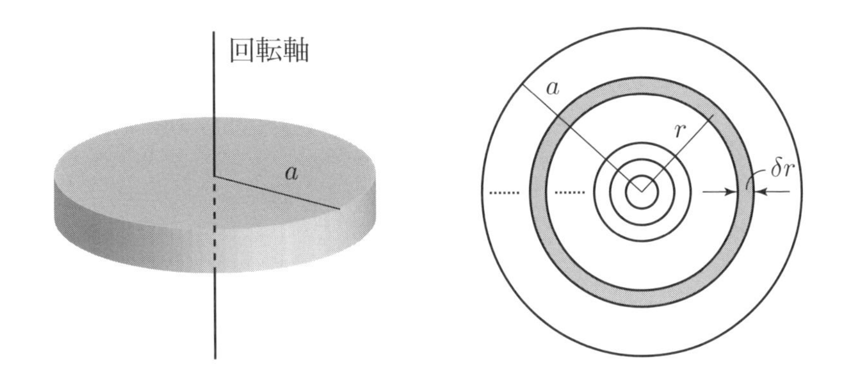

図 11-2: 円板の慣性モーメント

中心とする半径 r の円と半径 $r+\delta r$ の円で切り取られる細い円輪を考える．この円輪の慣性モーメントは，

$$(\text{円輪の質量})\cdot r^2 = M\frac{2\pi r\delta r}{\pi a^2}r^2 = \frac{2M}{a^2}r^3\delta r$$

となる．ここで円輪は十分細いので，長さ $2\pi r$，幅 δr の帯と近似できると考えた．

これを全部合計したものが，円板の慣性モーメントである（(11-3) 式）．変数 r の範囲は，一番内側の円輪が半径 0，外側が半径 a なので $0<r<a$ である．

$$\begin{aligned} I &= \sum \frac{2M}{a^2}r^3\,\delta r \\ &= \frac{2M}{a^2}\sum r^3\,\delta r \\ &= \frac{2M}{a^2}\int_0^a r^3\,dr \\ &= \frac{1}{2}Ma^2 \end{aligned}$$

となり，(11-9) 式が得られた．

例題 11.1 終わり

演習問題 ●●●

問 11.1　質量の無視できる長さ ℓ の棒の両端に質量 $M/2$ の質点を固定した．この棒を，棒の中点を通る棒に垂直な軸の周りに回転するときの慣性モーメントを求めよ．

問 11.2　(11-13) 式で示した一様な棒の慣性モーメントの具体的な計算結果と平行軸の定理の関係を説明せよ．

問 11.3　細い一様な円輪がある．半径は r，質量は M である．円輪を含む面に垂直な回転軸の周りの慣性モーメントを次の場合について答えよ．

(1) 回転軸が円の中心を通る場合.

(2) 回転軸が円の中心から a だけずれた位置にある場合.

問 11.4 半径 r, 質量 M の一様な円板の板がある. 円板の中心を通り円板に平行な回転軸の周りの慣性モーメントを求めよ.

問 11.5 半径 r, 質量 M の一様な球がある. 球の中心を通る回転軸の周りの慣性モーメントを求めよ.

[ヒント] 多数の円板に分割して考えよ(**(11-3)** 式). それを積分で書き直す. 円板の慣性モーメントは **(11-9)** 式を使ってよい.

問 11.6 高さ h, 半径 r, 質量 M の一様な直円錐の慣性モーメントを求めよ. 回転軸は底円の中心を通りそれに垂直である.

[ヒント] 問 **11.5** と同様に考える.

12 剛体の運動

演習のねらい

- 拡がりをもった物体の力学運動には，並進運動と回転運動があることを理解する．

物理量	記号	単位
質量	M	[kg]
慣性モーメント	I	[kg · m^2]
時間	t	[s]
座標	x	[m]
回転角	ϕ ·	[rad]
力	F	[N]
力のモーメント	N	[N · m]

§ 12.1　剛体の運動

剛体の運動は次のように理解される．

$$\boxed{\text{剛体の運動}} = \boxed{\text{並進運動}} + \boxed{\text{回転運動}} \tag{12-1}$$

今まで現れた量などを，この観点から表 12-1 に整理する（表記の都合上，ベクトルにしたりしなかったりしているが，適宜読み替えること）．

§ 12.2　回転軸の方向が一定の剛体の運動

一般の剛体の運動は難しいので，ここでは回転軸が固定されており，重心が 1 次元運動をする（あるいは重心が固定されている）特殊な場合に限定して剛体の運動を調べる．質量は M，この固定された回転軸の周りの慣性モーメントは I とする．この場合，重心の運動する方向に x 軸をとり，重心の周りの回転角を ϕ とすると，運動は次の式で記述される．

$$F = M\frac{d^2x}{dt^2} \tag{12-2}$$

$$N = I\frac{d^2\phi}{dt^2} \tag{12-3}$$

表 12-1: 並進運動と回転運動

並進		回転	
質量	M	慣性モーメント	I
直交座標	x	回転角	ϕ
速度	v	角速度	ω
加速度	$\dfrac{dv}{dt}$	角加速度	$\dfrac{d\omega}{dt}$
力	$\vec{F}$	力のモーメント	$\vec{N}$
運動量	$\vec{p}$	角運動量	$\vec{L}$
並進の運動エネルギー	$\dfrac{1}{2}Mv^2$	回転の運動エネルギー	$\dfrac{1}{2}I\omega^2$
並進運動の運動方程式	$\dfrac{d\vec{P}}{dt}=\vec{F}$	回転運動の運動方程式	$\dfrac{d\vec{L}}{dt}=\vec{N}$

運動を限定したためベクトル記号を使う必要はなくなったが，符号は意味があるので注意されたい．並進の式では軸の右向き・左向きが正負に，回転の式では反時計まわり・時計まわりが正負に対応する．

例題 12.1

$t=0$ で静止している円柱状の物体が傾き θ のあらい斜面を滑らずに転げ落ちる．円柱の質量は M，半径は r，慣性モーメントは I とする．この物体の運動を論ぜよ．

考え方

まず，この円柱に働いている力は，どのようなものがあるかを考える．この円柱に働く力は重力 Mg と斜面からの力である．後者は面に垂直な抗力 H と水平な摩擦力 f に分解される．

力がわかれば力のモーメントも計算できる．力のモーメント N は，力の作用点と回転中心の間の距離の積になる．これから運動方程式，(12-2) 式および (12-3) 式を書くことができる．

最後に，「滑らずに」という条件を式で表す必要がある．この条件から移動距離と回転角の関係がつく．

解法

円柱に働く力は重力 Mg，および斜面からの垂直な抗力 H と水平な摩擦力 f である．運動方程式は，

$$Mg\sin\theta - f = M\frac{d^2x}{dt^2}$$

$$rf = I\frac{d^2\phi}{dt^2}$$

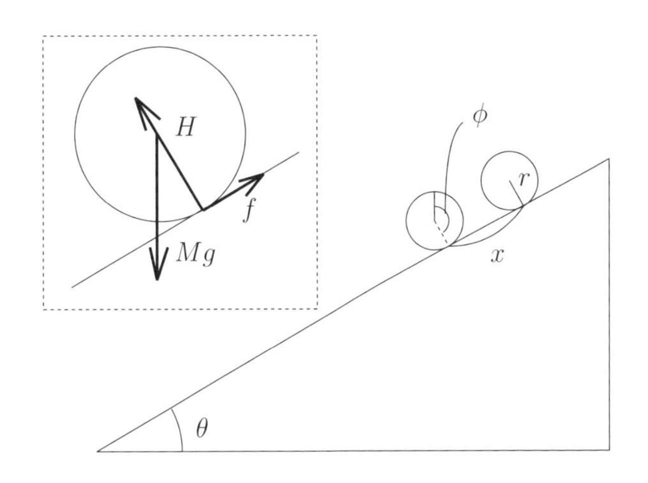

図 12-1: 斜面を転がり落ちる円柱

となる．この第2式を r で割り，2つの式を加えると f が消去され，

$$Mg\sin\theta = M\frac{d^2x}{dt^2} + \frac{I}{r}\frac{d^2\phi}{dt^2}$$

となる．また，滑らないという条件は，

$$x = r\phi$$

と書かれる．これを代入しすると，

$$Mg\sin\theta = \left(M + \frac{I}{r^2}\right)\frac{d^2x}{dt^2}$$

$$\Rightarrow \quad \frac{d^2x}{dt^2} = \frac{g\sin\theta}{\left(1 + \frac{I}{Mr^2}\right)}$$

となる．つまり，円柱の重心は上の式の右辺で与えられる一定の加速度で斜面を滑り落ちることになる．あとは，等加速度運動を表す式，(4-5) 式を使えばよい．

例題 12.1 終わり

演習問題●●●

問 12.1 太さ，密度が一様な長さ ℓ の2種類の棒 A, B がある．これらの棒の中心を通り，棒に対して垂直な軸を回転軸として固定した．以下の問に答えよ．

(1) 棒 A の質量は無視できるとする．この棒 A の両端に質量 $\dfrac{M}{2}$ の質点を固定した．回転の角速度が ω のとき回転運動のエネルギーを求めよ．

(2) 棒Bの質量はMである．棒Bが，(1)の棒Aと同じ回転運動のエネルギーをもって運動しているときの，角速度はいくらか．

問12.2　典型的な音楽用 Compact Disc (CD) は以下に示される仕様をもつ．

外径	120.0 mm
孔径	15.0 mm
厚さ	1.2 mm
質量	20 g
回転速度	240 rpm

(1) このCDの慣性モーメントを求めよ．

(2) このCDの角速度を求めよ．

(3) 音楽再生中の回転運動のエネルギーはいくらか．

問12.3　図12-2のように，質量M，半径rの円を底面とする円柱が，底面の中心を通る軸を水平に保ち，その軸を回転の中心として一定の角速度ωで回転している．軸は水平で位置が変わらないように保持されている．いま，そのすぐ下にあった水平な板が少し上昇し，回転している円柱に力fが加わるように接触させた．円柱と板の間の動摩擦係数をμ'として，円柱の回転が停止するまでの時間と回転角を求めよ．

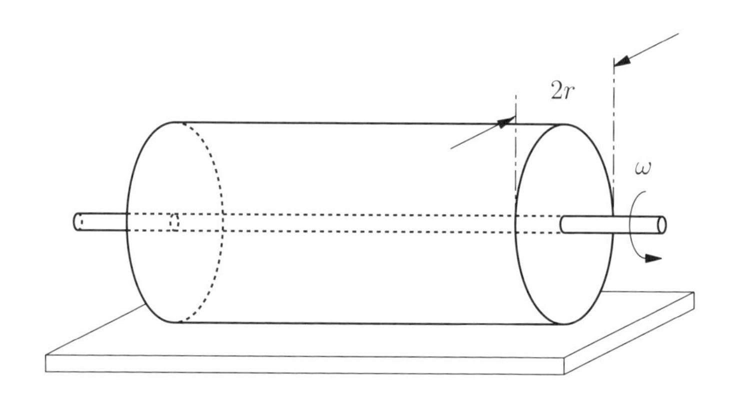

図 12-2: 水平に回転する円柱

問12.4　同じ円柱形の缶ジュースが3つある．Aはそのまま液体の状態とし，Bは冷凍庫で凍らせたとし，Cは中身を飲んでしまったとする．缶の質量はm，ジュースの質量はM，缶の半径をrとする．ただし，$m \ll M$である．

(1) A, B, C それぞれの缶の重心の周りの慣性モーメントと質量の比 I_j/M_j (j = A, B, C) のおおよその値を求めよ．

[ヒント]　液体は最初は回転しないと考えてよい．

(2) この3つの缶があらい斜面を滑らずに転がり落ちるとき，どのような順番になるか．いずれも初速度は0で斜面との摩擦は同一とする．

[ヒント] 例題 **12.1** の結果を使う．

問 12.5　長さが ℓ, 質量が M の細い直線状の一様な剛体の棒がある．これを粗い水平面に垂直に立て, 静止させた．静止した状態から, この上端を軽く押して棒を倒した．このとき, 初速度は0と考えてよい．鉛直方向と棒のなす角度を ϕ とする．棒が倒れ始めたとき, 棒の下端の位置は変わらないままであったが, $\phi = \phi_0$ になったときに下端が滑べり始めた．重力加速度を g として, 以下の問に答えよ．

(1) 棒の下端が滑べる前の棒の回転運動の方程式を, 棒の下端を原点として示せ．

(2) 前問のときの角加速度を求めよ．

(3) 棒と水平面の間の静止摩擦係数を μ とする．ϕ_0 を求めよ．

問 12.6　質量 M，慣性モーメント I，半径 r の輪軸に軽いひもを巻き付けひもの一端を天井に固定し，輪軸を静かに放した．どのような運動をするか．ただし，輪軸の重心は，円の中心にあるとする．

13 力学の総合演習

演習問題

問 13.1 … [第 4 章]

半径 r の球面があり固定されている．一番高い地点を P と呼ぶ．質量 m の質点があり，点 P から静かに滑りはじめた．摩擦力はないものとする．質点がどの地点で球面を離れるかを答えよ．

問 13.2 … [第 4 章, 第 7 章]

x 軸に沿って運動する質量 m の質点に力 $F = -kx^3$ が働いている．$x = A$ の位置から初速度 0 で質点が運動を始めた．

(1) ポテンシャルエネルギーを x の関数として求めよ．

(2) 速度が最大の位置を求めよ．そこでの速度はいくらか．

(3) 加速度が最大の位置を求めよ．そこでの加速度はいくらか．

問 13.3 … [第 4 章]

x 軸に沿って速さ v で運動する質量 m の質点に力 $F = -kv$ が働いている．$x = 0$ の位置から初速度 v_0 で質点が運動を始めた．

(1) v を用いて運動方程式を書け．

(2) この質点が停止する位置を求めよ．

問 13.4 … [第 5 章, 第 7 章]

質量 m の質点が Morse ポテンシャル,

$$U(x) = U_0\left(e^{-2ax} - 2e^{-ax}\right) \qquad (U_0, a > 0) \tag{13-1}$$

のもとで，x 軸にそって運動している．

(1) ポテンシャルエネルギーと力をグラフにして表せ．

(2) 安定点の座標を求めよ．

(3) 安定点の周りでの小振動の周期を求めよ．

問 13.5 … [第 5 章, 第 7 章]

x 軸上を運動する質量 m の質点がある．この質点に働く力のポテンシャルエネルギーが，

$$U(x) = U_0 \sin^2(\omega x) \tag{13-2}$$

で表されるとする．

(1) 横軸 x を，縦軸を U としてポテンシャルエネルギーのグラフを描け．

(2) 原点 $x = 0$ が安定であることを説明せよ．

(3) 質点の運動方程式を書け．

(4) 原点付近の微小振動であることを仮定し，運動の周期 T を求めよ．

問 13.6 ··· [第 7 章]

地球の周りを円軌道を描いている人工衛星を考える．運動エネルギー K とポテンシャルエネルギー U の比が $K : U = 1 : -2$ であることを示せ．ただし，ポテンシャルエネルギーは無限円で 0 になるように定義する．

問 13.7 ··· [第 8 章]

$$\frac{d\vec{p}^2}{dt} = 2\vec{p} \cdot \frac{d\vec{p}}{dt}$$

を両辺の成分を比較して確認せよ．

問 13.8 ··· [第 7 章]

$U(x, y) = x^2 + y^2$ のとき，∇U を求めよ（28.6 節 参照）．

問 13.9 ··· [第 5 章]

CO 分子と NO 分子の結合の伸縮振動に対応する赤外線の波数は，それぞれ $2143\,\mathrm{cm}^{-1}$ と $1876\,\mathrm{cm}^{-1}$ である．結合をばねと見なし，ばね定数を求めよ．

問 13.10 ··· [第 8 章]

質量 m の静止している物体に，質量 $2m$ の物体が速さ v で衝突した．衝突後, 2 つの物体は一体となって運動した．この衝突で失われた運動エネルギー ΔK を求めよ．

問 13.11 ··· [第 7 章]

蜘蛛が天井から鉛直に垂れ下がった自分の糸にぶら下がっている．いま，糸の自然長を ℓ_0 とし，蜘蛛の自重を m，重力加速度を g とする．

(1) 糸の長さが ℓ のとき，蜘蛛が糸から受ける力は次式で表されるという．

$$F = mg\frac{\ell - \ell_0}{\ell_0}$$

蜘蛛の自重と糸の復元力がつりあっているとすると，蜘蛛は天井からどれだけの距離にあるか．

(2) いま，蜘蛛が自分の糸を頼りに天井まで登った．蜘蛛の運動エネルギーは最初も最後も 0 として，蜘蛛のなした仕事 W を求めよ．

[ヒント] (蜘蛛のなした仕事) + (糸の弾力のなした仕事) + (重力のなした仕事) = (運動エネルギーの増分).

(3) 蜘蛛の糸に弾力がないとしたとき，糸の端から天井まで登った場合の蜘蛛のなした仕事は，上で計算したものの 2/3 に等しいことを示せ.

問 13.12 ··· [第 3 章, 第 6 章]

円軌道を描く質点の速度ベクトルの接線成分と法線成分を求めよ.

問 13.13 ··· [第 4 章]

質点を速度の大きさ V_0，水平に対する角度 θ で発射することのできる装置がある. 水平面を速度の大きさ u で走行する乗り物にこの装置を積み，原点 $(0, 0)$ を通過したときに質点を発射した.

(1) 乗り物が x 軸の負の方向に走行している場合，飛距離 L が最大となる角度を求めよ.

(2) 乗り物が x 軸の正の方向に走行している場合，飛距離 L が最大となる角度を求めよ.

問 13.14 ··· [第 7 章]

質量 m の質点が一定の大きさの力のもとで直線上を運動するとき，時刻 t_1 から時刻 $t_2 = t_1 + T$ までの平均の運動エネルギーを時刻 t_1, t_2 における質点の速さ v_1, v_2 を用いて表せ.

問 13.15 ··· [第 7 章]

保存力のもとで運動する質点が，点 P から出発してある経路を経由して点 P にもどった. この間に，質点が保存力から受けた仕事は 0 であることを示せ. この事実は経路によらず成立する. このことを，

$$\oint \vec{F} \cdot d\vec{s} = 0$$

と表現する.

問 13.16 ··· [第 7 章]

摩擦力は保存力といえるだろうか.

問 13.17 ··· [第 7 章]

ポテンシャル エネルギーの値が等しいところを結んだ線（面）を等ポテンシャル線（面）と呼ぶ. このポテンシャルで表現された保存力の方向はこの線（面）に必ず直交することを示せ.

[ヒント] もし，直交しない力の成分があるとその成分のなす仕事を考察すると矛盾をきたすことを示せ.

問 13.18 ··· [第 10 章]

図 13-1 に示すように，質量 M の直方体がなめらかな水平面に置いてあり，その上と横に質量 M_2, M_1 の物体が滑車にかかったひもで結ばれている. ただし，M_2 と M の接触はなめらかである. M_1 の側面は直方体とと常に接しているようにする. M_1 の底

面の高さが h の状態で手を放すと，M_1 は h だけ落下し M_2 と M はそれに応じて動く．直方体は，どちらにどれだけ動くか．

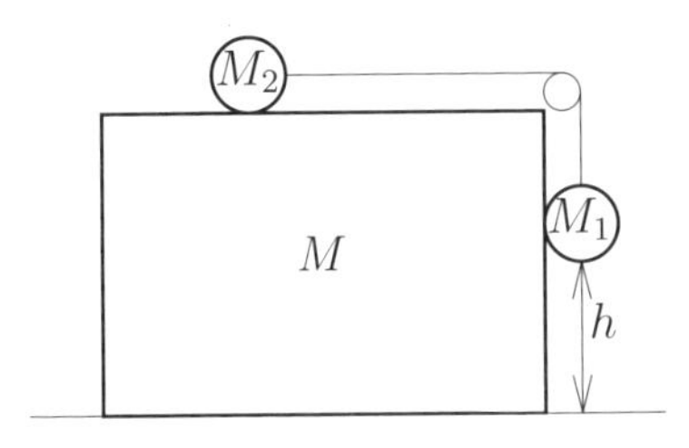

図 13-1: 直方体と 2 つの物体の関係図

問 13.19 $\cdots$ [第 5 章]

ばねの一端を固定し，他端に質量 M の物体をつけて単振動させたときの周期を T とする．このばねの両端に質量がそれぞれ M と $2M$ の物体を結びつけて単振動させたとき，周期はいくらになるか．

問 13.20 $\cdots$ [第 8 章]

外力が無視できる空間の中にあるロケットを考える．$M(t)$ を時刻 t でのロケットと未使用の燃料の合計の質量，m をロケットより単位時間に放出されるガスの質量，また，V_{g} をロケットに対するガスの相対的な放出の速さとする．ここで，V_{g} は一定である．時刻 $t = 0$ において $M(0) = M_0$, $v(0) = v_0$ として，以下の問に答えよ．

(1) m を一定としたとき，ロケットの速さと質量の関係はどうなるか．

(2) もし，m は一定ではなく，$m = \alpha M(t)$ (α : 一定) の式にしたがって放出されるガスの質量が変わるとすると，ロケットはどのような運動をするか．

14 温度，熱，物質量

演習のねらい

- 物質量の取り扱いになれる．
- 熱量と（絶対）温度の関係を正しく理解する．

物理量	記号		単位	
温度	T		[K]	（ケルビン）
モル数	n		[mol]	（モル）
熱量	Q		[J]	（ジュール）
アボガドロ数	N_{A}	$= 6.02 \times 10^{23}$	[1/mol]	

§ 14.1　物質量

物質を構成する**原子** (atom) や**分子** (molecule) などのミクロな要素を数えるときの個数の単位が，SI 単位系の基本単位の 1 つである「mol（モル）」である．1 mol とは，あるものが**アボガドロ数** (Avogadro constant) N_{A} 個あることである．

原子量 (atomic weight) あるいは**分子量** (molecular weight) M は，その物質 1 mol の質量を表す．このとき，「炭素 (^{12}C) の原子量が 12 である」というように，通常はグラム単位で表現するので，SI 系で計算する際は「kg」に換算することを忘れてはならない．

例題 14.1

水の分子量は 18 である．水 1 g の中には，水の分子が何個あるか．

考え方

モルはダースやグロスなどと同じようにまとまったものの個数を数えるための用語であることを理解すればよい．物質を構成する分子が極めて小さいため，アボガドロ数が大きいのである．分子量がグラム単位であることを忘れないように．

解法

水 1 mol は 18 g である．したがって，1 g は $\dfrac{1}{18}$ mol である．1 mol には 6.02×10^{23} 個の分子が含まれているから，

$$1\,\mathrm{g}\ 中 \quad \cdots \quad 6.02 \times 10^{23} \times \frac{1}{18} = 3.34 \times 10^{22}\ 個$$

となる．

例題 14.1 終わり

§ 14.2 温度

日常生活において，**温度** (temperature) としては，1 気圧の水の氷点，沸点をそれぞれ 0 °C, 100 °C とした**摂氏温度** (Celsius temperature) が使われている．

一方，温度には下限があり，これを**絶対零度** (absolute zero) と呼ぶ．そして，絶対零度を基準にした温度を**絶対温度** (absolute temperature) と呼ぶ．絶対温度の単位は「K（ケルビン）」で SI 単位系の基本単位の 1 つである．熱力学において主に用いられる温度はこの絶対温度である．「絶対温度」と「摂氏温度」には次のような関係がある．

$$0\,\mathrm{K} = -273.15\,^\circ\mathrm{C} \tag{14-1}$$

温度という概念をきちんと定義するためには，物体が**熱平衡** (thermal equilibrium) 状態でなくてはいけない．温度の定義可能性と平衡状態に関して次のように述べる．

≫≫≫≫ 熱力学の第 0 法則 ≪≪≪≪

物体 A と物体 B が熱平衡にあり，また物体 A と物体 C が熱平衡にある．このとき物体 B と物体 C の温度は等しい．

§ 14.3 熱量

熱 (heat) の正体は物体を構成する要素がもつエネルギーである．この熱を量的にとらえ，比較をしたり数値として取り扱うとき，**熱量** (heating value) と呼ぶ．熱はエネルギーの一種なので SI 単位系では仕事やエネルギーと同じ「J」で測る．熱を測るにはしばしば「cal（カロリー）」という単位が使われている．1 cal は約 4.2 J である．この数値を熱の仕事当量と呼ぶときがある．実用上，1 g の水の温度を 1 °C 上昇させるのに必要な熱量がほぼ 1 cal であることは記憶に値する．

ある物体を 1 K 上昇させるのに必要な熱量をその物体の**容量** (heat capacity) と呼ぶ．特に，1 mol の物質とか，1 kg の物質の熱容量を**比熱** (specific heat) と呼ぶ．物質 1 mol あたりの比熱をモル比熱と呼ぶ．

エネルギー保存則から，熱が仕事などに転換されない限り，熱量の総和は保存する．

例題 14.2

熱容量，温度がそれぞれ C_1, T_1 の物体 1 と C_2, T_2 の物体 2 とを接触させた．熱平衡に達した後の温度 T を求めよ．

考え方

（その1）それぞれがもっている熱量を分配すると考える[1]．この考え方では適当な温度を基準点として，物体の熱量を考える．以下の解では温度の基準となる点を0度とする．この場合，

$$(\text{熱量}) = (\text{熱容量}) \times (\text{温度})$$

である．

（その2）一方から他方へと熱量が移動したと考える．さきほどと同じように次の式が成り立つ．

$$(\text{移動する熱量}) = (\text{熱容量}) \times (\text{温度差}) = (\text{熱容量}) \times (\text{終状態の温度} - \text{始状態の温度})$$

上の式では，熱量が正なら熱が流入した，負なら熱が流出したと考える．

解法

（その1）それぞれの熱量を考えると，

物体1の熱量	$\cdots$	C_1T_1
物体2の熱量	$\cdots$	C_2T_2
全体の熱量	$\cdots$	$C_1T_1 + C_2T_2$

となる．全体の熱容量は $C_1 + C_2$ であるから答えは次のようになる．

$$T = \frac{C_1T_1 + C_2T_2}{C_1 + C_2}$$

（その2）熱の移動を考えると，

$$\text{物体1の熱の移動} \quad \cdots \quad Q_1 = C_1(T - T_1)$$
$$\text{物体2の熱の移動} \quad \cdots \quad Q_2 = C_2(T - T_2)$$

である．当然，$|Q_1| = |Q_2|$ であり，どちらかが流入でどちらかが流出だから，$Q_1 + Q_2 = 0$ であるはずなので，

$$C_1(T - T_1) + C_2(T - T_2) = 0 \quad \Rightarrow \quad T = \frac{C_1T_1 + C_2T_2}{C_1 + C_2}$$

となる．

例題 14.2 終わり

確認と演習の準備 ●●●

- 物質量の取り扱いになれる．

[1] このような問題では比熱（熱容量）は温度によらず一定と考える．ただし，比熱は実際には温度によって変化する場合もある．

1. 3モルの気体分子の個数はいくらか.

[1.80×10^{24} 個]

2. n モルの気体分子の個数はいくらか.

[$(6.02 \times 10^{23})n$ [個]]

- 熱量と（絶対）温度の関係を正しく理解する.
  1. 0°C を絶対温度で表せ. また, 1気圧における水の沸点を絶対温度で表すと何度になるか.

     [273.15 K, 373.15 K]

  2. 熱容量 C_1, 温度 T_1 の物体と, 熱容量 C_2, 温度 T_2 の物体を接触させてしばらくおくと, 全体の温度は何度になるか. ただし, 物体外への熱の損失は考えないものとする.

     [$(C_1T_1 + C_2T_2)/(C_1 + C_2)$]

  3. 1気圧の下, 20 °C の水 10 g を 100 °C に熱するために必要な熱量はいくらか. ただし, 水の比熱を 4.2 J/(g · K) とする.

     [3.36×10^3 J]

  4. 1気圧の下, 100 °C の水 10 g を 100 °C の水蒸気にするために必要な熱量はいくらか. ただし, 1気圧, 100 °C での蒸発熱（気化熱）を 2.3×10^3 J/g とする.

     [2.3×10^4 J]

演習問題 ●●●

— A: 基礎編 —

問 14.1 水銀の密度は 13.6 g/cm^3 である. 水銀気圧計で 760 mmHg を示したときの気圧を SI 単位系で示したならばいくらになるか. ただし, 重力加速度を 9.80 m/s^2 とする.

問 14.2 1気圧の下, 20 °C の水 10 g を全て 100 °C の水蒸気とするために必要な熱量はいくらか. ただし, 水の温度 20 ∼ 100 °C の定圧比熱を 4.2 J/(g · K), 1気圧 100 °C での気化熱を 2.3×10^3 J/g とする.

問 14.3 質量が 10 kg, 比熱が 0.45 J/(g · K) の金属の固まりがある. この金属の熱容量はいくらか. また, この金属の温度を 4°C 上昇させるのに必要な熱量はいくらか.

問 14.4 質量 m [kg], 比熱 c [cal/kg · K] の水が, h [m] の高さから落下した. ポテンシャル・エネルギーが全て水の温度上昇に使われたとすると, 水の温度は何度上昇するか. ただし, 熱の仕事当量を J [J/cal], 重力加速度を g [m/s^2] とする.

— B: 応用編 —

問 14.5　鉄の原子量は 55.8 である．鉄 1 t のなかには，鉄の原子が何個あるか．

問 14.6　1 mol, 0 °C, 1 気圧の気体の体積は約 22.4 ℓ である．気体分子 1 個当たりの自由空間を立方体と考えた場合，その立方体の一辺の長さを求めよ．

問 14.7　体積 V [m^3], 分子量 M [kg/mol], n [mol] の物質がある．この物質の密度 ρ [kg/m^3] はそれらでどのように表されるか．

問 14.8　モル比熱 C_1 で温度 T_1，モル数 n_1 の物体 1 とモル比熱 C_2 で温度 T_2，モル数 n_2 の物体 2 とを接触させた．熱平衡に達した後の温度 T を求めよ．

問 14.9　空気の比熱を 1.0 J/(g · K)，密度を 1.2 kg/m^3 とする．容積 80 m^3 の室内で，500 W のヒーターを 1 時間使用したとき室温は何度上昇するか．ただし，ヒーターの熱の 30% が気温の上昇に使われ，残りは室外に逃げたり，壁に吸収されるとする．

問 14.10　[2] この物体は任意の大きさに分割できる．以下で「接触させる」とは熱平衡になるまで 2 つの物体を接触させることを意味し，分割や接触で外への熱の流出は考えない．次の一連の操作 1 ～ 6 を考える．以下の問に答えよ．

（操作–1）	A と B を等分に分け，おのおのを A_1, A_2, B_1, B_2 とする．
（操作–2）	A_1 と B_1 を接触させ，離す．
（操作–3）	A_1 と B_2 を接触させ，離す．
（操作–4）	A_2 と B_1 を接触させ，離す．
（操作–5）	A_2 と B_2 を接触させ，離す．
（操作–6）	A_1 と A_2 を接触させまとめて再び A とし B_1 と B_2 を接触させまとめて再び B とする．

(1) A, B の初めの温度をそれぞれ 512 °C, 0 °C とする．（操作–1~6）を行った後の A, B の温度を求めよ．

(2) A, B の初めの温度をそれぞれ T_{A} [°C], T_{B} [°C] とする．（操作–1~6）を行った後の A, B の温度を求めよ．

(3) A, B を 4 等分して同じようなことを行うことにする．

（操作–I）	A と B を 4 等分に分け，おのおのを A_1, A_2, A_3, A_4, B_1, B_2, B_3, B_4 とする．
（操作–II）	A_1, A_2, B_1, B_2 に対し（操作–2）～（操作–6）を行う．
（操作–III）	A_1, A_2, B_3, B_4 に対し（操作–2）～（操作–6）を行う．
（操作–IV）	A_3, A_4, B_1, B_2 に対し（操作–2）～（操作–6）を行う．
（操作–V）	A_3, A_4, B_3, B_4 に対し（操作–2）～（操作–6）を行う．
（操作–VI）	A_1, A_2, A_3, A_4 を接触させまとめて再び A とし B_1, B_2, B_3, A_4 を接触させまとめて再び B とする．

A, B の初めの温度をそれぞれ 512 °C, 0 °C とする．上記の操作を行った後の A, B の温度を求めよ．

[2] 工学院大学 1985 年度入試問題より．

(4) 以上のような分割と接触を無限にこまかく反復させることを考えると，その極限での A, B の温度はどうなるか.

15 気体の状態方程式

演習のねらい

- 熱力学で扱う物理量の内容を正しく理解する．
- 理想気体の状態方程式を理解する．

物理量	記号	単位	
圧力	p	[Pa]	(パスカル)
体積	V	[m^3]	
温度	T	[K]	(ケルビン)
モル数	n	[mol]	(モル)
気体定数	R	$= 8.31$ [J/mol$\cdot$K]	

§ 15.1　気体の状態方程式

気体の状態は，**圧力** (pressure) p，**体積** (volume) V，**温度** (temperature) T により記述される．それらの間の関係を実験的に調べた結果，

$$pV = nRT \tag{15-1}$$

の関係があることがわかった．この方程式を n [mol] の理想気体の**状態方程式** (equation of state) と呼ぶ．**理想気体** (ideal gas) とはこの関係式をみたす気体と考える．詳しく調べると実在の気体の振る舞いは少し (15-1) 式からずれている．

この理想気体からのずれを考慮したものとして次の**ファン・デル・ワールスの状態方程式** (van der Waals equation of state) の状態方程式がある．

$$\left\{p + a\left(\frac{n}{V}\right)^2\right\}(V - nb) = nRT \tag{15-2}$$

直観的に述べると，この式で a 項は分子間に働く弱い引力の効果，b 項は分子の有限の大きさの効果を表している．

例題 15.1

理想気体とみなされる気体 n [mol] が体積 V の容器に入っており，温度と圧力がそれぞれ T_1, p_1 であるとする．容器の壁は断熱材でできており，容器内部には小さなヒーターがあ

る．この気体をヒーターで加熱して温度 T_2 としたときの圧力 p_2 を答えよ．

考え方

(15-1) 式により，体積，圧力，温度の間の関係が与えられている．この中の 2 つがわかれば残りの 1 つが決まるのである．

解法

状態方程式より，加熱前と加熱後では $p_1V = nRT_1$, $p_2V = nRT_2$ であるので，次の結果を得る．

$$p_2 = p_1\frac{T_2}{T_1}$$

例題 15.1 終わり

確認と演習の準備 ●●●

- 熱力学で扱う物理量の内容を正しく理解する．
  1. ある油の密度が 850 kg/m^3 であったとする．この油が 3 m^3 あった場合の質量を求めよ．
  [2550 kg]
  2. 鉛の密度は 11.34 g/cm^3 である．鉛 1 m^3 の質量を求めよ．
  [11340 kg]
  3. 1 気圧を SI 単位系で表せ．
  [$1013\,\mathrm{hPa} = 1.013 \times 10^5\,\mathrm{Pa}$]
  4. 面積が 2 m^2 である板に対して，均等に 1000 N の力を加えた場合，板に加わっている圧力を求めよ．ただし，気圧は含めないものとする．
  [500 Pa]
- 理想気体の状態方程式を理解する．
  1. 圧力 p，体積 V の n [mol] の気体がある．気体の絶対温度が T のとき，圧力と体積の積を絶対温度を用いて表せ．ただし，気体定数を R とする．
  [$pV = nRT$]
  2. 圧力 p，体積 V の理想気体 1 mol の絶対温度はいくらか．ただし，気体定数を R とする．
  [pV/R]
  3. 自由に膨張・収縮できる球形の風船がある．温度一定のまま，大気圧が p_1 から p_2 に変化した．このとき，風船の半径が r_1 から r_2 に変化したとすれば，半径の比 r_2/r_1 はいくらか．
  [$(p_1/p_2)^{\frac{1}{3}}$]
  4. 温度 27 °C，体積 4.8×10^{-2} m^3 のとき，圧力 6.0×10^5 Pa の理想気体がある．この気体を温度 7 °C，体積 2.0×10^{-2} m^3 にした場合，圧力はいくつとなるか．
  [1.3×10^5 Pa]

演習問題 ●●●　—A: 基礎編 —

問 15.1　ある車のタイヤの空気圧は車庫の中（気温 17°C）では 230 kPa であった．走行後，空気の温度は 77°C になっていたとすると，そのときの空気圧はいくらか．ただし，タイヤの体積は変わらず，空気のもれは無かったものとする．

問 15.2　標準状態（温度 $T = 273.15\,°\mathrm{C}$，気圧 $p = 1.013 \times 10^5\,\mathrm{Pa}$）で，1 mol の理想気体の体積はいくらか．また，$1\,\mathrm{cm}^3$ 当たりの気体分子の個数はいくらか．[1]ただし，気体定数は $R = 8.31\,\mathrm{J/(mol \cdot K)}$，アボガドロ数は $6.02 \times 10^{23}\,\mathrm{mol}^{-1}$ である．

問 15.3　圧力，体積，温度が 1014 hPa, $2\,\mathrm{m}^3$, 27 °C である理想気体がある．温度を一定に保ったまま体積を $3\,\mathrm{m}^3$ にしたら圧力はいくらになるか．また，体積を $3\,\mathrm{m}^3$ に保ったまま温度をいくらにすれば圧力が 1014 hPa に戻るか．

問 15.4　圧力 $1.0 \times 10^5\,\mathrm{Pa}$，温度 300 K，体積 $30\,\mathrm{m}^3$ の気体を圧力 $2.0 \times 10^5\,\mathrm{Pa}$，温度 480 K とすると体積はいくらになるか．

— B: 応用編 —

問 15.5　1 気圧で 0 °C の 1 mol の気体の体積はおおよそ $22.4\,\ell$ である．このことから気体定数を計算せよ．

問 15.6　[2]容積 $41.5\,\ell$ のボンベに酸素が入っている．酸素の分子量は 32 である．気体定数を $8.31\,\mathrm{J/mol \cdot K}$ とし，以下の問に答えよ．

(1)　ボンベの圧力が $7.0 \times 10^6\,\mathrm{Pa}$，温度が 7 °C に保たれているとすると，ボンベに入っている酸素は何 mol か．また質量にするといくらか．

(2)　前項の状態でボンベが加熱され温度が 63 °C となった．圧力は始めの何倍になったか．

(3)　ボンベ内の酸素の圧力が $7.5 \times 10^6\,\mathrm{Pa}$，温度が 27 °C であったときにバルブを完全に閉めなかったために，しばらくしたら圧力が $2.9 \times 10^6\,\mathrm{Pa}$ に下がり，そのときの温度は 17 °C であった．漏れた酸素の質量を求めよ．

問 15.7　理想気体の状態方程式 ((15-1) 式) とファン・デル・ワールスの状態方程式 ((15-2) 式) を温度が一定のときの p と V の関係とみなして，それぞれグラフに描け．

問 15.8　[3] 1988 年 4 月に東京ドームがオープンした．以下の問に答えよ．なお，

- ドームの形を直円柱とみなす，
- ドーム内の圧力は高度差を無視して一定である，
- ドームは気密であるが体積変化は無視できる，

[1] 1865 年，オーストリアのロシュミット（Johann Josef Loschmidt）による気体分子数の測定が行われた．そのため，0 °C，1 気圧の $1\,\mathrm{cm}^3$ の体積に含まれる気体数はロシュミット数と呼ばれる．

[2] 工学院大学 1984 年度入試問題．

[3] 工学院大学 1989 年度入試問題．

- 空気の比熱と密度は一定である，

という仮定をおく．使用できるデータを以下に列挙する．

ドームの形状	底面積: $3 \times 10^4\,\mathrm{m}^2$, 高さ：$60\,\mathrm{m}$
ドーム屋根の膜材質量	$1\,\mathrm{m}^2$ あたり $12.5\,\mathrm{kg}$
雪の密度	$0.12\,\mathrm{g/cm}^3$
雪 (氷) の融解熱	$80\,\mathrm{cal/g}$
空気の定圧比熱	$20.8\,\mathrm{J/K \cdot mol}$
空気の密度	$1.1\,\mathrm{kg/m}^3$
重力加速度	$10.0\,\mathrm{m/\,sec}^2$

(1) 屋根を気圧のみで支えるとすると，膜の内外の圧力差はいくらか．

(2) 実際には，直交する 2 方向に，$8.5\,\mathrm{m}$ 間隔で鋼製ケーブルを 28 本配置し土台に固定して圧力差で膨らもうとする屋根を引っ張っている．このケーブルの質量は平均すれば膜の単位面積あたり $1.7\,\mathrm{kg/m}^2$ となる．通常の天候では膜の内側の圧力を外側より $300\,\mathrm{Pa}$ 高くしてある．このときすべてのケーブルに同じ重さのおもり（合計 56 個）をぶらさげて屋根を引っ張ってバランスをとっているとすると，おもり 1 個の重さはいくらか．

(3) 屋根の膜は二重になっており，積雪時にはこの膜の間に $45\,{}^\circ\mathrm{C}$ 程度の温風を吹き込んで溶かす．膜の上に一様に厚さ $5\,\mathrm{cm}$ で積雪があったとき，雪（温度 $0\,{}^\circ\mathrm{C}$ とする）を溶かすために必要な熱量を求めよ．

(4) 昼間は太陽熱のためドーム内の気温が上昇する．屋根の膜面には $2.0\,\mathrm{cal/cm}^2 \cdot$ 分のエネルギーが降り注いでおり，その 0.5% がドームの内部の温度上昇に寄与すると考える．当初，外気圧が $9.97 \times 10^4\,\mathrm{Pa}$，ドーム内の気圧は $1.00 \times 10^5\,\mathrm{Pa}$，気温は $15\,{}^\circ\mathrm{C}$ であった．換気をせずに放置すると太陽熱により 3 時間後にはドーム内の気温はどれだけ上昇するか．

16 熱力学の第1法則と気体の状態変化

演習のねらい

- 熱力学第1法則を理解する．
- 熱力学第1法則と理想気体の状態方程式を用いて，気体の状態変化における各物理量の変化分の計算ができるようにする．

物理量	記号	単位
内部エネルギー	U	[J]
熱量	Q	[J]
仕事	W	[J]
(モル) 定積比熱	C_V	[J/K] ([J/K·mol])
(モル) 定圧比熱	C_p	[J/K] ([J/K·mol])
比熱比	γ	—

§ 16.1　内部エネルギー

物体を加熱すれば，その熱エネルギーはその物体の中に蓄えられる．また気体を圧縮するとそれはエネルギーの大きい状態となる．なぜならば，その気体は元に戻ろうとして膨張するときに仕事をすることができるからである．よって，気体を圧縮するという仕事がエネルギーとして気体内部に蓄えられることになる．このように，熱や仕事がエネルギーとして物体の内部に蓄えられているとき，それを**内部エネルギー** (internal energy) と呼び U と記す．

内部エネルギーはミクロに考えれば構成要素のエネルギーの和である．しかし，物体が運動をしていれば，各分子は重心の移動や自転に伴う運動エネルギーをもつが，これは内部エネルギーに算入しない．また地上の物体を高く持ち上げれば，各分子は重力のポテンシャルエネルギーをもつが，これも内部エネルギーに算入しない．

内部エネルギーは加えられた熱 Q と気体が外部に対して行った仕事 W により変化する．このとき，熱が物体に与えられたときに正となるよう Q を定義する．$Q < 0$ なら物体が冷却された，つまり熱を奪われたと考える．W についてはその逆となる．したがって，$W < 0$ の場合は外から仕事をされたと考える．

熱力学の第1法則 (first law of thermodynamics) は力学的エネルギーと熱エネルギー全

体に対する**エネルギー保存則** (energy conservation law) である．変化前と変化後の内部エネルギーを $U_\mathrm{A}, U_\mathrm{B}$ として次の式を得る．

≫≫≫≫ **熱力学の第1法則** ≪≪≪≪

$$U_\mathrm{B} - U_\mathrm{A} = Q - W \tag{16-1}$$

マクロな状態の変化は多数の微小変化の集積としてとらえられるので，(16-1) 式を微小変化として表現すると，

≫≫≫≫ **熱力学の第1法則：微小変化** ≪≪≪≪

$$dU = \delta Q - \delta W \tag{16-2}$$

この式で d と δ を区別したのは次のような事情による．力学のときの保存力やポテンシャルエネルギーとおなじようなイメージで**状態量** (state function) という概念を定義する．始状態と終状態を与えるだけでその変化の大きさが決まる量を状態量と呼ぶ[1]．

内部エネルギーは状態量であるが，熱や仕事は状態量ではない．これ以降，状態量の微小変化については d で，状態量でないものの微小変化については δ で表すことにする．

理想気体については以下が成り立つ．

≫≫≫≫ **ジュールの法則** ≪≪≪≪

1 mol の理想気体の内部エネルギーは温度のみの関数である．つまり $U = U(T)$ と書ける．

§ 16.2　気体の体積変化による仕事

気体の体積が dV 変化すると，そのときの仕事は，

$$\delta W = p\,dV \tag{16-3}$$

となる．このとき，V の差は dV であるが，それと p の積が $p\,dV = d(\sim)$ と書けるかどうかは自明ではなく，実は書けない．したがって，仕事 W の変化は δW である．

§ 16.3　気体の状態変化

理想気体の状態は体積 V，圧力 p，温度 T，モル数 n で指定される．以下しばらく簡単のため 1 mol の気体を考えることにする．すると V, p, T の 3 つの量で状態が指定されるが，状態方程式 $pV = RT$ があるため，このうち独立なのは 2 つである（図 16-1）．したがって，もう 1 つ制御条件を加えれば状態変化が指定できる．以下では**定積変化** (isochoric

[1] ようするに，その状態のありさまだけから決まる物理量が状態量である．

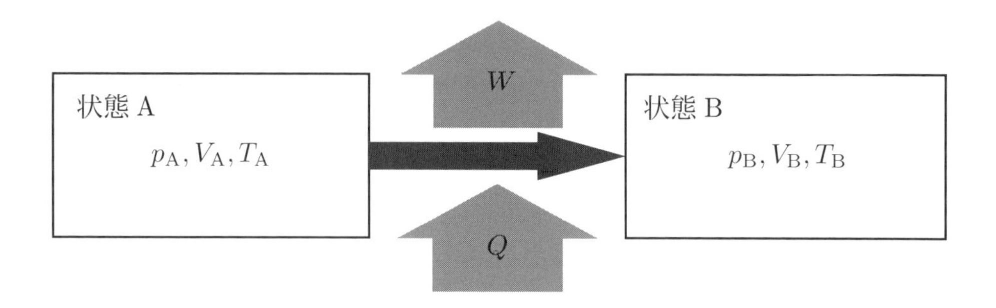

図 16-1: 気体の状態変化

change), **定圧変化** (isobaric change), **等温変化** (isothermal change), **断熱変化** (adiabatic change) の 4 種類の変化を考える.

16.3.1　定積変化 ($V_A = V_B = V$)

体積が一定, つまり $dV = 0$ により仕事 δW が $\delta W = 0$ なので, $dU = \delta Q$ である. 体積が一定のときの比熱を定積（モル）比熱と呼び, C_V と記す.

$$\left(\frac{dU}{dT}\right)_{\text{体積一定}} = \left(\frac{\delta Q}{dT}\right)_{\text{体積一定}} = C_V \tag{16-4}$$

16.3.2　定圧変化 ($p_A = p_B = p$)

圧力が一定なので仕事は $\delta W = p\,dV$ となる. したがって, 熱力学第 1 法則により,

$$\left(\frac{dU}{dT}\right)_{\text{圧力一定}} = \left(\frac{\delta Q}{dT}\right)_{\text{圧力一定}} - \frac{p\,dV}{dT} \tag{16-5}$$

となる. 状態方程式 $pV = RT$ の両辺を T で微分すると, p 一定より $p\dfrac{dV}{dT} = R$ となり,

$$\left(\frac{dU}{dT}\right)_{\text{圧力一定}} = -R + C_p \tag{16-6}$$

となる. ただし,

$$C_p = \left(\frac{\delta Q}{dT}\right)_{\text{圧力一定}} \tag{16-7}$$

は, 圧力が一定のときの比熱であり, 定圧（モル）比熱と呼ばれる.

16.3.3　気体の比熱

ジュールの法則から内部エネルギーは温度のみに依存する.

$$\left(\frac{dU}{dT}\right)_{\text{体積一定}} = \left(\frac{dU}{dT}\right)_{\text{圧力一定}} = \frac{dU}{dT} \tag{16-8}$$

あるいは,

$$dU = C_V\,dT \quad \rightarrow \quad U_B - U_A = C_V(T_B - T_A) \tag{16-9}$$

とも書ける．(16-4) 式, (16-6) 式から比熱の間に，

$$C_p = C_V + R \tag{16-10}$$

の関係が成立する．これを**マイヤーの関係** (Mayer relation) という．

16.3.4　等温変化 ($T_\mathrm{A} = T_\mathrm{B} = T$)

状態方程式を使うと微小な仕事 δW は，

$$\delta W = p\,dV = \frac{RT}{V}dV \tag{16-11}$$

となるが温度 T が一定なので積分できる．

$$W = \int_{V_\mathrm{A}}^{V_\mathrm{B}} RT\frac{dV}{V} = RT\log\left(\frac{V_\mathrm{B}}{V_\mathrm{A}}\right) \tag{16-12}$$

温度が一定なのでジュールの法則から $U_\mathrm{A} = U_\mathrm{B}$ であり，熱力学の第 1 法則から以下を得る．

$$Q = W = RT\log\left(\frac{V_\mathrm{B}}{V_\mathrm{A}}\right) \tag{16-13}$$

16.3.5　断熱変化 ($Q = 0$)

このとき定義から微小変化に対して，

$$dU = -p\,dV \tag{16-14}$$

となる．(16-9) 式と状態方程式（(15-1) 式）を使って，

$$C_V\,dT = -\frac{RT}{V}dV \qquad \to \qquad C_V\frac{dT}{T} = -R\frac{dV}{V} \tag{16-15}$$

となる．始状態から終状態まで積分して，

$$C_V\log\left(\frac{T_\mathrm{B}}{T_\mathrm{A}}\right) = -R\log\left(\frac{V_\mathrm{B}}{V_\mathrm{A}}\right) \tag{16-16}$$

を得る．比熱比 γ を，

$$\gamma = \frac{C_p}{C_V} \tag{16-17}$$

で定義すると，マイヤーの関係（(16-10) 式）を使って，

$$T_\mathrm{B}V_\mathrm{B}^{\gamma-1} = T_\mathrm{A}V_\mathrm{A}^{\gamma-1} \tag{16-18}$$

となる．これと状態方程式を組み合わせることにより，断熱変化について次のように述べることができる．特に，最後の形 (下線部) を**ポアッソンの法則** (Poisson law) という．

$$TV^{\gamma-1} = \text{一定} \quad \text{あるいは} \quad \frac{T^\gamma}{p^{\gamma-1}} = \text{一定} \quad \text{あるいは} \quad \underline{pV^\gamma = \text{一定}} \tag{16-19}$$

例題 16.1

1 mol の気体に対して,

$$\kappa = -\frac{1}{V}\left(\frac{dp}{dV}\right)^{-1}$$

を**圧縮率** (compressibility) と呼ぶ．これは，圧力変化により体積が変化する割合のことである．理想気体を考え，等温変化のときの圧縮率 κ_T と断熱変化のときの圧縮率 κ_Q の比を求めよ．

考え方

どちらかといえば数学の問題である．dp/dV を計算すればよい．1 つだけ注意しておく．この節ではさまざまな状態変化を学んだが，どのような場合においても理想気体の状態方程式は常に成り立っていることを忘れないでもらいたい．

解法

等温変化のとき，理想気体の状態方程式 $pV = RT$ において温度変化が一定であるから，

$$p = \frac{RT}{V} \quad \Rightarrow \quad \frac{dp}{dV} = -\frac{RT}{V^2} = -\frac{pV}{V^2}$$

となり，これより，

$$\kappa_T = \frac{1}{p}$$

である．一方，断熱変化のとき，$pV^\gamma = (\text{一定})$ なので，この両辺の対数をとると[2]，

$$\log p + \gamma \log V = \text{一定}$$

となり，これを V で微分すると，

$$\frac{1}{p}\frac{dp}{dV} + \gamma\frac{1}{V} = 0 \quad \Rightarrow \quad \frac{dp}{dV} = -\gamma\frac{p}{V}$$

となり，これより，

$$\kappa_Q = \frac{1}{\gamma p}$$

である．

以上から両者の比は γ である．

例題 16.1 終わり

確認と演習の準備 ●●●

- 熱力学第 1 法則を理解する．
  1. ある物体が熱量 Q を受け取り，仕事 W を外部に行った．このとき，物体の内部エネルギーの変化分を答えよ．

$[Q - W]$

[2] そのまま微分してもよいが，これは習いある手筋である．

2. ある理想気体が 150 kPa の一定圧力の下で，外部から 60 kJ の熱量を供給された結果，体積が 0.20 [m^3] だけ増加した．このとき気体のなした仕事と内部エネルギーの変化を求めよ．

[30 kJ, 30 kJ]

- 熱力学第 1 法則と理想気体の状態方程式を用いて，気体の状態変化における各物理量の変化分の計算ができるようにする．

1. 圧力が p，体積が V である理想気体の温度を一定に保ったまま，体積を V' とした．このときの気体の圧力を求めよ．

[$p(V/V')$]

2. 圧力が p，体積が V である理想気体の体積を一定に保ったまま，圧力を p' とした．このとき，気体が外部に対して行った仕事はいくらか．

[0 J]

3. 圧力が p，体積が V である理想気体の圧力を一定に保ったまま，体積を V' とした．このとき，気体が外部に対して行った仕事はいくらか．

[$p(V'-V)$]

4. 圧力が p，体積が V である理想気体を外部との熱的接触を断ったまま体積を V' とした．このときの気体の圧力を求めよ．ただし，理想気体の比熱比を γ とする．

[$p(V/V')^\gamma$]

5. ある理想気体の定積モル比熱は C_V である．この気体の定圧モル比熱はいくらか．ただし，気体定数を R とする．

[$C_V + R$]

演習問題●●●　—A: 基礎編 —

問 16.1　ある n mol の理想気体が絶対温度 T の状態で，体積が V_1 から V_2 に変化した．このとき，理想気体に供給された熱量 Q と外部に対して行った仕事 W を求めよ．ただし，気体定数を R とする．

問 16.2　ある n mol の理想気体が絶対温度 T_1 の状態から T_2 の状態に体積一定の状態で変化した．このとき，理想気体に供給された熱量 Q と外部に対して行った仕事 W を求めよ．ただし，理想気体の定積モル比熱を C_V とする．

問 16.3　ある n mol の理想気体が絶対温度 T_1 の状態から T_2 の状態に圧力一定の状態で変化した．このとき，理想気体に供給された熱量 Q と外部に対して行った仕事 W を求めよ．ただし，理想気体の定積モル比熱を C_V，気体定数を R とする．

問 16.4　ある n mol の理想気体が絶対温度 T_1 の状態から T_2 の状態に断熱状態で変化した．このとき，理想気体に供給された熱量 Q と外部に対して行った仕事 W を求めよ．

ただし，理想気体の定積モル比熱を C_V，気体定数を R とする．

問 16.5 同一の状態にある理想気体が等温過程，定積過程，定圧過程，断熱過程によって状態変化を行った．それぞれの状態変化の様子を同一の pV 平面に描き，示せ．

問 16.6 ある理想気体が 150 kPa の一定圧力の下で外部から 60 kJ の熱量を供給されて，体積が 0.20 m^3 だけ増加した．このとき，気体のなした仕事はいくらか．また，内部エネルギーはどれだけ増加したか．

問 16.7 絶対温度 T_1 の 1 モルの理想気体がある．この理想気体の体積を一定に保ったまま熱量 Q を加えたところ，絶対温度は T_2 になった．内部エネルギーの変化量はいくらか．また，この理想気体の定積モル比熱はいくらか．

— B: 応用編 —

問 16.8 温度 T，圧力 p，比熱比 γ の 1 mol の理想気体が 3 倍に膨張した．状態変化において，気体分子の出入りはない．気体定数を R として，以下の問に答えよ．

(1) 等温的に膨張したときの外界になした仕事の大きさを求めよ．

(2) 断熱的に膨張したときの外界になした仕事の大きさを求めよ．

(3) (2) の場合で，$T = 25\,°\mathrm{C}$，$\gamma = 1.40$ として，膨張後の温度の値を求めよ．

問 16.9 以下のデータから，マイヤーの関係 (16-10) 式が成立することを示せ．次にそれぞれの気体について比熱比 γ を計算せよ．

気体	C_p[J/mol · K]	C_V[J/mol · K]
ヘリウム	20.9	12.6
アルゴン	20.9	12.5
水素	28.7	20.5
酸素	29.5	21.2

問 16.10 円柱形のピストン内に閉じこめた気体を圧縮，膨張させることから，(16-3) 式を証明せよ．

問 16.11 以下の考察から音速 c を計算せよ[3]．

図 16-2 のように断面積 S の管に気体が詰まっており，それをピストンで押すことを考える．気体の密度を ρ，分子量を M，比熱比を γ とする．気体定数は R である．簡単のため，すべての分子は静止していると考える[4]．$t = 0$ にピストンは位置 A にあり，一定の速さ v で右にピストンを押し，δt 秒後にピストンは位置 B に来た．この結果，位置 B から Q までの分子がすべて右に速さ v で動いたとする．ここで，Q から右ではまだ静止している．ピストンの動きが Q まで伝達されたことになるので，音速は $c = \dfrac{\overline{\mathrm{AQ}}}{\delta t}$ と考えられる．ただし，$\overline{\mathrm{AB}} \ll \overline{\mathrm{AQ}}$ である．

(1) いま，考察の対象となっている体積 V は管の AQ の間である．V を $S, c, \delta t$ で表せ．

[3] 工学院大学 1990 年度入試問題より（一部改題）．

[4] 正確には熱ですべての分子は乱雑な運動をしているが，平均すれば右と左に動く分子の数は同数程度である．この平均的な速度分布からのずれが音波になる．

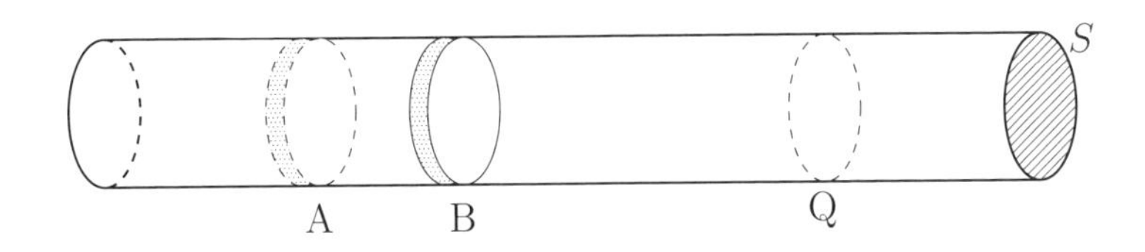

図 16-2: 断面積 S の管

(2) δt の時間ピストンを動かしたことによる体積変化 $\delta V(<0)$ を V, v, c で表せ．

(3) ピストンの動きにより，BQ 間の圧力は変化する．この圧力の変化により，B から Q までの間の分子の運動量は増加する．このときの圧力の変化量を δp とする．したがって，δp が断面積 S に δt だけ働いた際の力積が，運動量の増加に等しいことになる．このことより，δp を ρ, c, v で表せ．

[ヒント] 力学で学んだ，$F\delta t = \delta p_m$ を使う．p_m は運動量．また，前述のように **AB** は **AQ** に比べて非常に小さいので，**BQ** は **AQ** で近似できる．

(4) 前 3 項から音速 c を $V, \rho, \delta p, \delta V$ で表せ．

(5) 体積 V 内に，分子量 M, n [mol] の気体があるとき，密度 ρ はそれらでどのように表されるか．

[ヒント] 問 **14.7** 参照．ここでは M を「**kg/mol**」単位で表していると考えること．

(6) ピストンによる気体の圧縮は断熱変化であると考えられる．このときの断熱変化における dp/dV を求めよ（例題 16.1 参照）．

(7) $\delta p/\delta V$ を (6) の微分でおきかえ，さらに (5) と状態方程式を使うことにより，音速 c を R, γ, T, M で表せ．ただし，T は気体の温度を表している．

(8) 空気の分子量を 29 g/mol，比熱比を 1.4 として 15 °C での音速を求めよ．

問 16.12 気温は 100 m 高度が上がるごとに約 0.6 °C 低くなるといわれる．この値を地上付近の暖められた空気が上昇しながら断熱的に膨張すると考えることで説明せよ[5]．

(1) 地上を原点とした上向きの座標を z とする．重力加速度 g は考えている範囲で一定とし，気体の圧力 p は自分自身の上にある気体に働く重力で決まるとすると，気体の圧力は z の関数となる．気体の密度を ρ として，dp/dz を求めよ．

[ヒント] z と $z+\Delta z$ の間の圧力差を考えよ．なお ρ も z の関数である．

(2) 断熱変化であることから，dT/dp を求めよ．

[ヒント] $T^\gamma/p^{\gamma-1} =$ (一定) を使う．

(3) dT/dz を求めよ．dT/dz は何を表す量か．

(4) 地上での気体の密度 ρ_0，圧力 p_0，温度 T_0，比熱比 γ をそれぞれ 1.2 kg/m^3, 1.0×10^5 Pa, 300 K, 1.4 として，100 m 高度が上がるごとにどれだけ温度降下があるか，その数値を求めよ．

[5] 工学院大学 1985 年度入試問題より（一部改題）．

(5) 前項の数値は上記の値 (0.6 °C/(100m)) より少し大きい．実際の値との差の原因を推定せよ．

17 熱力学の第2法則とエントロピー

演習のねらい

- 熱効率の意味を理解し，熱効率の計算ができるようにする．
- エントロピーを理解する．

物理量	記号	単位
熱量	Q	[J]
仕事	W	[J]
効率	η	—
エントロピー	S	[J/K]

§ 17.1　熱機関と効率

熱エネルギー (heat energy) を持続的に仕事に変換しようとした場合，我々が知る唯一の方法は何らかの**熱サイクル** (cycle) を利用することである．サイクルにおいては**作業物質** (working material) は一連の状態変化を行い，始めの状態に戻って1サイクルが終了する．

熱サイクルにおいては熱源から熱が得られ（燃料の燃焼など），それが仕事に変換される．熱源の熱がたまると困るので（オーバーヒートしないように）余分な熱は冷却する，つまり冷たいところに捨てる必要がある．このような熱サイクルの動作を模式的に考えると図 17-1 のようになる．

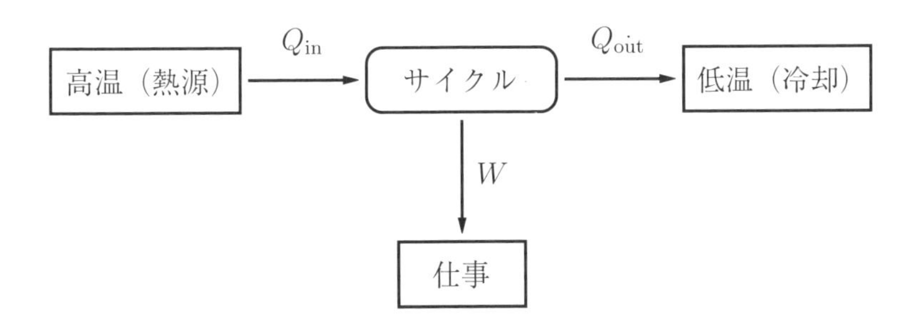

図 17-1: 熱サイクルの模式図

ここで，熱力学第一法則を考えると，

$$Q_{\mathrm{in}} = W + Q_{\mathrm{out}} \tag{17-1}$$

となる．サイクルの定義として一周すれば元の状態に戻ることになっているので，熱機関の作業物質自体の内部エネルギーの変化はない ($\Delta U = 0$) はずだからである．図 17-1 から熱機関の効率，**熱効率** (thermal efficiency) η を定義する．燃料の燃焼などによって得た熱のうち，どれだけが有効に仕事としてとりだされたかを表すのが η である．

$$\eta = \frac{W}{Q_{\mathrm{in}}} = 1 - \frac{Q_{\mathrm{out}}}{Q_{\mathrm{in}}} \tag{17-2}$$

ここで，2 番目の「=」では (17-1) 式つまり熱力学第一法則を使っている．

§ 17.2　カルノー・サイクル

具体的な熱サイクルのモデルをとり上げて，その効率を計算してみる．ここで扱うのは**カルノー・サイクル** (Carnot cycle) である．このサイクルは 4 つの状態変化，つまり 2 つの等温変化と 2 つの断熱変化から構成される．すべての過程は可逆であるので**可逆サイクル** (reversible cycle) とも呼ばれる．

カルノー・サイクル									
状態	A	→	B	→	C	→	D	→	A
過程		等温膨張		断熱膨張		等温圧縮		断熱圧縮	
温度		T_{H}		→		T_{L}		→	
熱量		Q_{in} 入る		0		Q_{out} 出る		0	
仕事		W_1 外へ		W_2 外へ		W_3 内へ		W_4 内へ	

計算すると，次の結果を得る．

$$\eta = 1 - \frac{Q_{\mathrm{out}}}{Q_{\mathrm{in}}} = 1 - \frac{T_{\mathrm{L}}}{T_{\mathrm{H}}} \tag{17-3}$$

例題 17.1

カルノー・サイクルの効率（(17-3) 式）を求めよ．

考え方

熱サイクルの状態変化では，前の節で得られた式を活用して，各ステップでの熱量，仕事を計算する．

カルノー・サイクルの場合は，等温変化での熱量の移動を (16-13) 式から計算する．このとき，熱量の符号が異なる場合があるので注意が必要である．等温変化なので $T_{\mathrm{H}} = T_{\mathrm{A}} = T_{\mathrm{B}}$, $T_{\mathrm{L}} = T_{\mathrm{C}} = T_{\mathrm{D}}$ である．

上の計算ではサイクルの 2 つのステップしか使っていない．残りの 2 つのステップ (断熱変化) を利用して，(16-19) 式から体積の間を関連付けて式を簡単にする．

解法

作業物質は1 molの理想気体とする．まず，熱量を計算する．(16-13)式から，

$$\mathrm{A} \to \mathrm{B} \quad \cdots \quad Q_{\mathrm{in}} = RT_{\mathrm{H}} \log \frac{V_{\mathrm{B}}}{V_{\mathrm{A}}}$$

$$\mathrm{C} \to \mathrm{D} \quad \cdots \quad Q_{\mathrm{out}} = -RT_{\mathrm{L}} \log \frac{V_{\mathrm{D}}}{V_{\mathrm{C}}}$$

となる．ここで，前者は吸収する熱，後者は放出する熱なのでこのような符号となる．

次に，これらの体積の関係をつける．(16-19)式から，

$$\mathrm{B} \to \mathrm{C} \quad \cdots \quad T_{\mathrm{H}} V_{\mathrm{B}}^{\gamma-1} = T_{\mathrm{L}} V_{\mathrm{C}}^{\gamma-1} \quad \Rightarrow \quad \frac{T_{\mathrm{H}}}{T_{\mathrm{L}}} = \left(\frac{V_{\mathrm{C}}}{V_{\mathrm{B}}}\right)^{\gamma-1}$$

$$\mathrm{D} \to \mathrm{A} \quad \cdots \quad T_{\mathrm{L}} V_{\mathrm{D}}^{\gamma-1} = T_{\mathrm{H}} V_{\mathrm{A}}^{\gamma-1} \quad \Rightarrow \quad \frac{T_{\mathrm{H}}}{T_{\mathrm{L}}} = \left(\frac{V_{\mathrm{D}}}{V_{\mathrm{A}}}\right)^{\gamma-1}$$

となって，

$$\frac{V_{\mathrm{C}}}{V_{\mathrm{B}}} = \frac{V_{\mathrm{D}}}{V_{\mathrm{A}}} \quad \to \quad \log\left(\frac{V_{\mathrm{B}}}{V_{\mathrm{A}}} \cdot \frac{V_{\mathrm{D}}}{V_{\mathrm{C}}}\right) = 0 \quad \to \quad \log \frac{V_{\mathrm{B}}}{V_{\mathrm{A}}} + \log \frac{V_{\mathrm{D}}}{V_{\mathrm{C}}} = 0$$

を得る．

これらの関係式からカルノー・サイクルの効率（(17-3)式）を得る．

例題 17.1 終わり

§ 17.3　熱力学の第2法則

前の節で学んだ熱力学の第1法則はエネルギー保存則であった．このことは自然界において状態が変化する際には，任意の状態には変化できず，始めと同じエネルギーの状態へのみ変化できることを意味している．しかし，同じエネルギーの状態は多数ありうる．そのどれが選択されるかを支配するのが第2法則である．熱力学の第2法則は以下で示す様々な表現をもつが，これらは基本的に同等であり，このような多様な衣装をまとうことのできる第2法則の奥の深さを示している．

熱機関は効率のよいものほど（実用的に）よい．なるべく効率のよい熱機関を作ろうとしたが，経験的に限界があることがわかってきた．これから第2法則の最初の形が得られる．

>>>>>>>> **熱力学の第2法則（その1）** <<<<<<<<

熱機関の効率は1よりも小さい．つまり$\eta < 1$である．

意味を整理するために**永久機関** (perpetual motion) という概念を導入する．

- 第1種の永久機関
  図17-1で入る熱量よりも得られる仕事が多い（あるいは極端には$Q_{\mathrm{in}} = 0$で仕事をする）ような熱機関である．この効率は1よりも大きく，エネルギー保存則である熱力学の第1法則から存在が否定される．
- 第2種の永久機関

図 17-1 で入る熱量がすべて仕事に転換される ($Q_{\text{out}} = 0$) ような熱機関である．効率は $\eta = 1$ である．この場合，第 1 法則には違反していない．しかし，そのようなものはいくら工夫しても作ることはできないので，それを否定することが基本原理となったのである．

この概念を使うと，第 2 法則の別の表現を得る．

>>>>>>>> **熱力学の第 2 法則（その 2）** <<<<<<<<

第 2 種の永久機関は存在しない．

これは最初の表現を永久機関という言葉を使って置き換えただけである．

>>>>>>>> **熱力学の第 2 法則（その 3）** <<<<<<<<

トムソンの原理

仕事が熱に変わり，それ以外に何の変化もないならば，その過程は不可逆である．

この表現はトムソン (William Thomson, または Lord Kelvin) による．これは仕事を熱にする過程を完全に逆転することはできないことを主張している．

>>>>>>>> **熱力学の第 2 法則（その 4）** <<<<<<<<

クラウジウスの原理

熱を低温の物体から高温の物体に移し，それ以外に何の変化もないようにすることは不可能である．

クラウジウス (Rudolf J. E. Clausius) による表現である．

§ 17.4　カルノーの定理

状態変化を理解するには，可逆，不可逆を識別するような量が重要である．それを明らかにする準備のため，次の定理を示す．証明は問題に譲るが，証明に第 2 法則（クラウジウス）を使うのでこれも第 2 法則の 1 つのバリエーションである．

>>>>>>>> **カルノーの定理** <<<<<<<<

カルノー・サイクルのような可逆サイクルの効率 η_{r} は最大効率である．他の任意のサイクルの効率 η は，

$$\eta \leqq \eta_{\text{r}} \tag{17-4}$$

である．

この結果を使い，一般化すると次のクラウジウスの不等式を得る．ただし，これ以降は $Q < 0$ のときは外部に熱を放出したと考えることにする．

≫≫≫≫≫≫ **クラウジウスの不等式** ≪≪≪≪≪≪

任意のサイクルが $T_1, T_2, T_3, \cdots$ の温度のときに $\delta Q_1, \delta Q_2, \delta Q_3, \cdots$ の熱を吸収するとすると，1サイクル全体で次の式が成立する．

$$\sum \frac{\delta Q_k}{T_k} \leqq 0 \qquad (\text{等号は可逆変化のとき}) \tag{17-5}$$

変化が連続的で，多数の微小変化の集まりと考えられるときは，次のように記す．

$$\int \frac{dQ_k}{T_k} \leqq 0 \qquad (\text{等号は可逆変化のとき}) \tag{17-6}$$

§ 17.5　エントロピーのマクロな定義

前の節のクラウジウスの不等式から，可逆，不可逆を考える際に $\boxed{\dfrac{dQ}{T}}$ という組み合わせが重要な役割を果たしているらしいことがわかった．これから**エントロピー** (entropy) S と呼ばれる状態量を導く．ここで，

$$\underline{\text{可逆な}}\text{微小変化のときの系のエントロピー変化} \cdots dS = \frac{dQ}{T} \tag{17-7}$$

とする．ただし，

$$\begin{aligned} dQ &= \text{系に流入した熱量} \\ T &= \text{系の温度} \end{aligned}$$

である．

ここで，次の点に注意をする必要がある．これは初心者が誤解しやすい点なのだが，(17-7) 式 は 可逆変化 のときのみ成立する．だからといって，変化が不可逆のときはエントロピーは計算できないというわけではない．つまり，エントロピーは状態量であるから，始状態と終状態をつなぐ 別の 可逆変化の状態変化をみつけてきて（実際にそのような変化を起こす必要はなくあくまでも思考実験として），その経路でエントロピーの差を求めれば，エントロピーが計算できるのである．

熱的に他から孤立している系では，$dQ = 0$ である．したがって，このような系においては，

$$S_{\mathrm{B}} - S_{\mathrm{A}} \geqq 0 \quad \Rightarrow \quad S_{\mathrm{B}} \geqq S_{\mathrm{A}} \quad (\text{等号は可逆変化のとき}) \tag{17-8}$$

が導かれる．これを熱力学の第 2 法則の新しい表現とする．

>>>>>>>>> **熱力学の第 2 法則（その 5）** <<<<<<<<<

エントロピーによる表現

熱的に孤立した系のエントロピーは増大する．

孤立した系は当然エネルギーが一定である．ここで我々は変化を支配する法則としての第 2 法則を手に入れたのである．

例題 17.2

熱容量 C，温度 T の液体が加熱されて温度 T' となった．この液体のエントロピーの増加を求めよ．

考え方

(17-7) 式を使う．液体なので，体積の変化は無視できるとする．

解法

温度を dT 上昇させるには $dQ = C\,dT$ の熱量を要する．このときのエントロピー変化は，

$$dS = \frac{C\,dT}{T}$$

であるので，これを温度 T から温度 T' まで合計すればよい．合計するというのは要するに積分である．

$$S(\text{終状態}) - S(\text{始状態}) = \sum dS = \int_T^{T'} \frac{C\,dT}{T} = C\log\left(\frac{T'}{T}\right)$$

例題 17.2 終わり

確認と演習の準備 ●●●

- 熱効率の意味を理解し，熱効率の計算ができるようにする．
  1. ある熱機関に 100 kJ の熱量を与えたところ，20 kJ の仕事を行った．このときの熱効率はいくらか．

     [20 %]
  2. 熱効率が 25 % である熱機関に毎秒 160 kJ の熱を供給した場合，この熱機関の行う仕事率はいくらになるか．

     [40 kW]
  3. 絶対温度が 1000 K と 300 K の 2 つの熱源を持つ可逆サイクルの熱効率を求めよ．

     [70 %]
  4. カルノーの定理を用いて，100 °C の高温熱源と 30 °C の低温熱源を持つ熱サイクルの最大熱効率を求めよ．

     [23.1 %]
  5. 90 % の熱効率を持つ熱サイクルは実現可能か考察せよ．

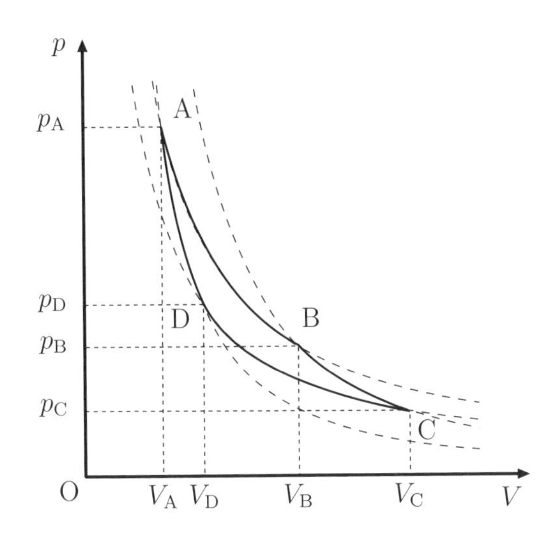

図 17-2: カルノー・サイクル

- エントロピーを理解する．
  1. 「エントロピーによる表現」による熱力学の第 2 法則の具体例を示せ．
  2. 空想の世界として「エントロピーが減少する世界」を想像し，議論せよ．

     [ヒント]　エントロピーが減少するということは，熱力学の第 **2** 法則も成り立たないことを意味している．

演習問題●●●

—A: 基礎編 —

問 17.1　毎秒 4.0×10^4 J の熱エネルギーを使って，毎分 3.6×10^5 J の仕事をするエンジンがある．このエンジンの熱効率はいくらか．また，出力の仕事率はいくらか．

問 17.2　図 17-2 はカルノー・サイクルを pV 図で表したものである．ここで，状態変化 A → B, C → D は絶対温度がそれぞれ T_H, T_L である等温過程，状態変化 B → C, D → A は断熱過程である．

(1)　図 17-2 を横軸を体積 V，縦軸を絶対温度 T に取った VT 図で表せ．

(2)　図 17-2 を横軸を絶対温度 T，縦軸を圧力 p に取った pT 図で表せ．

— B: 応用編 —

問 17.3　図 17-2 に示されたカルノー・サイクルにおいて，状態 A におけるエントロピーを S_A，状態 B におけるエントロピーを S_B とする．

(1)　このカルノー・サイクルの状態変化を横軸をエントロピー S，縦軸を絶対温度 T

に取った ST 図で表せ．

(2) 前項でしめした ST 図内に，Q_{in}，Q_{out}，W をそれぞれ示せ．

問 17.4　図 17-3 に示すサイクルの効率を計算せよ．いずれも比熱 C_p, C_V は一定として良い．また，途中の計算を表現する際，必要であれば，状態 A, B, C, D での圧力，体積，温度 (p, V, T) は，$(p_{\mathrm{A}}, V_{\mathrm{A}}, T_{\mathrm{A}})$, $(p_{\mathrm{B}}, V_{\mathrm{B}}, T_{\mathrm{B}})$, $(p_{\mathrm{C}}, V_{\mathrm{C}}, T_{\mathrm{C}})$, $(p_{\mathrm{D}}, V_{\mathrm{D}}, T_{\mathrm{D}})$ と表せ．

(1) スターリング・サイクル (図 17-3(a))
等温過程 (A → B, C → D) と定積過程 (B → C, D → A) の組み合わせである．高温 (T_{H}) の熱源に A → B で接触，低温 (T_{L}) の熱源に C → D で接触している．
[ヒント]　定積過程のときには，理想的な補助熱源を使って熱の出し入れがなされていると考えて，そこでの熱移動は効率の計算に入れないものとする．

(2) ディーゼル・サイクル (図 17-3(b))
2 つの断熱過程 (B → C, D → A)，定圧過程 (A → B, 高温の熱源との接触)，定積過程 (C → D，低温の熱源との接触) の組み合わせである．

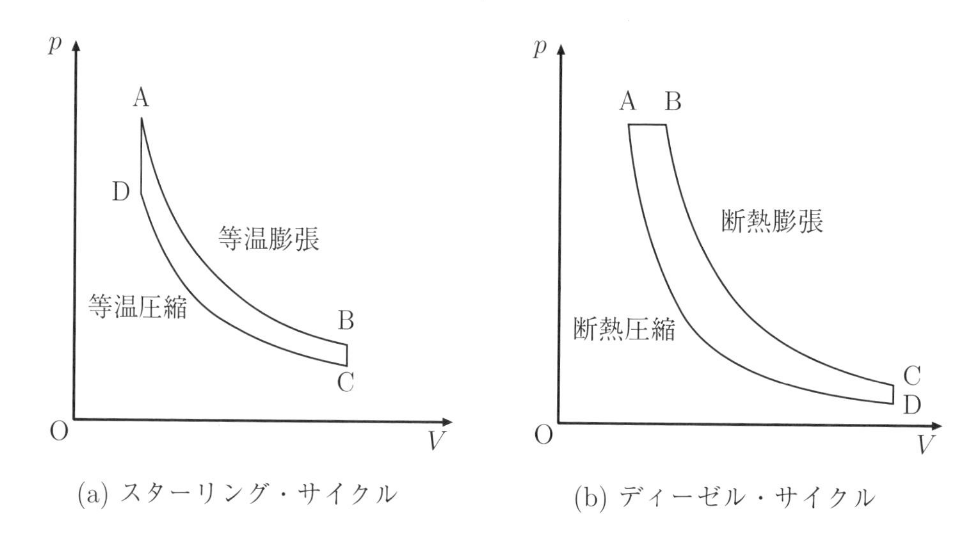

(a) スターリング・サイクル　(b) ディーゼル・サイクル

図 17-3: 2 つの熱サイクル

問 17.5　本文中の多数の第 2 法則の表現はすべて論理的に同等である．以下の関係を説明することにより，1 から 4 が同等であることを理解せよ．

(1) 表現（その 1）と（その 2）の関係を説明せよ．

(2) 表現（その 2）と（その 3）の関係を説明せよ．

(3) 表現（その 3）と（その 4）の関係を説明せよ．

問 17.6　カルノーの定理を証明せよ．ただし，手順は次のような思考実験による．

(1) 高温の熱源と低温の熱源（冷却）がそれぞれ 1 つずつあることを仮定する．

(2) 任意のサイクルを C，可逆サイクルを $\mathrm{C_r}$ とする．前者の効率が後者の効率より低いことを証明できれば良い．

(3) 可逆サイクルの特徴は，その可逆性から逆向きに運転することができる，という点にある．逆向きに運転するとは，仕事 W を受け取ることにより低温の熱源から熱量 Q_{out} を吸収して，熱量 Q_{in} を高温の熱源に排出するような,「冷却器」として動作させることができるということである．

(4) C を普通の熱サイクルとして運転し，$\mathrm{C_r}$ を逆転運転させる．そしてCの出力（仕事）を $\mathrm{C_r}$ の逆転運転の入力仕事とする．

(5) この系全体を考え，第2法則（クラウジウス）を適用する．

問 17.7　それぞれ質量 M の水と湯がある．水と湯の温度をそれぞれ T_1, T_2，水の単位質量あたりの比熱を C とするとき，両者を混合したことによるエントロピーの変化の大きさを求めよ．さらにこの混合でエントロピーが増加したことを証明せよ．

[ヒント]　まず全体が何度になるかを考える（例題 **14.2** 参照）．エントロピーは状態量なので例題 **17.2** のように個別にエントロピーの変化を考えて加算することができる．

問 17.8　全体の容積が V の容器の中に仕切り板があって，容器を2つに分けている．容積 v の部分に温度 T, 1 mol の気体が入っている．そして残りの $(V-v)$ の部分は真空である．ここで，仕切り板を外した．以下の問に答えよ．

(1) この状態変化で気体の温度は変化しない．それはなぜか．

(2) エントロピーはどれだけ変化するか．

[ヒント]　始めの状態と終わりの状態を仕切り板を釣り合いを保ちながら等温的にゆるやかに動かして終状態とせよ．

18 ミクロな視点–統計力学への道

演習のねらい

- 気体の分子運動に基づいて，熱力学に出てくる物理量を表現できるようにする．

物理量	記号	単位
ボルツマン定数	k	$= 1.38 \times 10^{-23}$ [J/K]
自由度	f	—
分子のエネルギー	ε	[J]
エネルギー	E	[J]

前節までの物理的考察はマクロな視点からの観察に基づいて行ってきた．しかし，気体などの物質はミクロな要素の集合であり，このミクロな要素1つひとつは力学の法則に従った運動をする．ただし，質点力学で扱った1つあるいは数個の質点系とは異なり，多数の要素からなるものをマクロな物体として扱うには，新しい方法論が必要になる．いわゆる**統計力学** (statistical mechanics) がそれである．

§ 18.1　気体分子運動論

この節では理想気体の状態方程式（(15-1) 式）をミクロな視点から考察する．つまり，これまで学んできた熱力学の要因を気体分子の運動ととらえ，1つひとつの分子の動きをまとめることによりマクロな物体まで拡張しようというわけである．このような考え方を**気体分子運動論** (kinetic theory of gases) という．以下，次のような条件をみたす「理想気体」を考えることとする．

- 気体は1原子分子であり, 質量 m の質点と考える．
- 分子の間に力は働かないものとする．

簡単のため気体の量を 1 mol とし，それを一辺の長さ ℓ の立方体の箱に閉じこめる．したがって，この体積の中に N_{A} 個の分子が入っていて運動していることになる．また，容器に閉じ込められている分子は壁と弾性衝突をする．これは「壁と熱平衡にあると仮定する」ということと同じ意味である．

以上のような条件において，(15-1) 式 の左辺を考えてみる．体積 (V) は，

$$V = \ell^3 \tag{18-1}$$

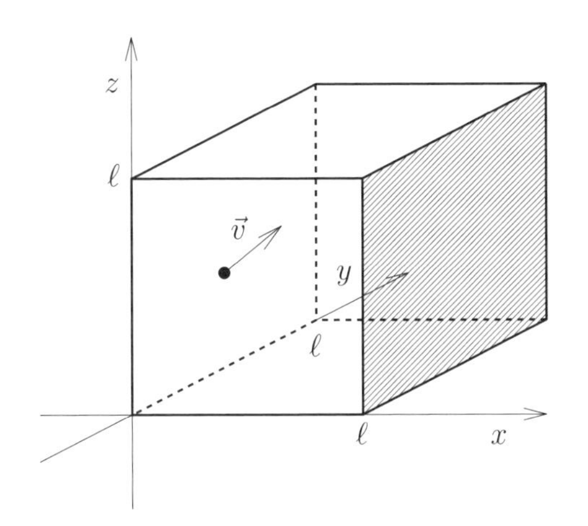

図 18-1: 気体の分子運動の様子

である．次に圧力であるが，圧力とは分子が壁に衝突して与える力の平均である．いま，箱に閉じ込められた気体の中の速度 $\vec{v} = (v_x, v_y, v_z)$ をもつ分子に着目をしよう．座標を図 18-1 のように定め，$x = \ell$ の壁面との衝突を考える．この壁面との衝突の時間間隔は，

$$\delta t = \frac{2\ell}{v_x} \tag{18-2}$$

である．衝突前と衝突後の x 軸方向の運動量変化の大きさ δp_m は，弾性衝突であるので[1]，

$$\delta(p_m)_x = mv_x - (-mv_x) = 2mv \tag{18-3}$$

であり，これから 1 個の分子が壁面に与える平均的な力は，

$$F \simeq \frac{\delta(p_m)_x}{\delta t} = \frac{2mv_x}{(2\ell/v_x)} = \frac{mv_x^2}{\ell} \tag{18-4}$$

となる．したがって，壁面に働く圧力は，

$$\begin{aligned} p &= \frac{(\text{気体全体が与える力})}{(\text{壁面の面積})} = \frac{(\text{分子 1 個が与える力}) \times (\text{分子の個数})}{(\text{壁面の面積})} \\ &= \frac{N_\mathrm{A}F}{\ell^2} = \frac{N_\mathrm{A}mv_x^2}{\ell^3} = \frac{N_\mathrm{A}mv_x^2}{V} \end{aligned} \tag{18-5}$$

となる．

ここまでは x 軸方向のみについて考えてきたが，同様の議論が y, z 軸方向についてもできる．その一方で，分子の速度は個々に異なるので，v^2 はその平均値 $\langle v^2 \rangle$ で置き換える必要がある．この結果，

$$v^2 = v_x^2 + v_y^2 + v_z^2 \quad \Rightarrow \quad \langle v^2 \rangle = \langle v_x^2 \rangle + \langle v_y^2 \rangle + \langle v_z^2 \rangle = 3\langle v_x^3 \rangle \tag{18-6}$$

[1] 運動量と圧力 p を混同しないように，ここでは運動量を p_m と記す．

であることがわかる．なお，上で記号「$\sim$の平均値」$= \langle \sim \rangle$ を用いた．

したがって，(18-5) 式は (18-6) 式により，

$$p = \frac{N_\mathrm{A} m \langle v^2 \rangle}{3V} \qquad \text{つまり} \qquad pV = \frac{N_\mathrm{A} m \langle v^2 \rangle}{3} \tag{18-7}$$

と表される．このようにして，状態方程式（(15-1) 式）がミクロな立場から得られたことになる．

この式はさらに次のように変形できる．気体分子は理想気体を仮定しているため，お互いにその影響をおよぼすことがない．そのため，分子の平均エネルギー$\langle \varepsilon \rangle$は運動エネルギーの平均値によってのみ表される．つまり，

$$\langle \varepsilon \rangle = \frac{1}{2} m \langle v^2 \rangle \tag{18-8}$$

である．(18-7) 式に (18-8) 式を代入することにより，

$$pV = \frac{2}{3} N_\mathrm{A} \langle \varepsilon \rangle \tag{18-9}$$

が得られ，これと状態方程式（(15-1) 式）を比べると，

$$\frac{2}{3} N_\mathrm{A} \langle \varepsilon \rangle = RT \tag{18-10}$$

となる．まさに温度は分子の平均エネルギーに比例しているのである．ここで，**ボルツマン定数** (Boltzmann constant) k を，

$$k = \frac{R}{N_\mathrm{A}} = 1.38 \times 10^{-23}\,[\mathrm{J/K}] \tag{18-11}$$

と定義すれば，

$$\langle \varepsilon \rangle = 3 \cdot \frac{1}{2} kT \tag{18-12}$$

となり，ボツルマン定数は温度とミクロ世界のエネルギーを換算するものであることがわかる．

例題 18.1

体積 V の箱の中にヘリウムとネオンの混合ガスが入っている．絶対温度を T に保ったときにヘリウム分子とネオン分子の平均自乗速度の平方根の比を求めよ．

考え方

(18-8) 式により，気体分子の内部エネルギーの平均と平均自乗速度の関係がわかる．また，(18-10) 式より内部エネルギーの平均が温度の関数であることがわかるので，この2つの式により平均自乗速度を温度の関数として表し，その比を取ればよい．

解法

(18-8) 式と (18-10) 式より，

$$\frac{2}{3}N_A \cdot \frac{1}{2}m\langle v^2\rangle = RT$$

であることがわかる．ここで，m は気体分子の質量を表している．この質量 m は，気体の分子量 M とアボガドロ数 N_A により，$m = M/N_A$ と表されるため，

$$\sqrt{\langle v^2\rangle} = \sqrt{\frac{3}{N_A}\frac{N_A}{M}RT} = \sqrt{\frac{3RT}{M}}$$

となる．ここで，ヘリウムの分子量は $M_{He} = 4.00$，ネオンの分子量は $M_{Ne} = 20.18$ なので，ヘリウム分子の平均自乗速度の平方根 $\sqrt{\langle {v_{He}}^2\rangle}$ とネオン分子の平均自乗速度の平方根 $\sqrt{\langle {v_{Ne}}^2\rangle}$ の比，

$$\frac{\sqrt{\langle {v_{He}}^2\rangle}}{\sqrt{\langle {v_{Ne}}^2\rangle}} = \sqrt{\frac{3}{N_A}\frac{N_A}{M_{He}}RT}\Bigg/\sqrt{\frac{3}{N_A}\frac{N_A}{M_{Ne}}RT} = \sqrt{\frac{M_{Ne}}{M_{He}}} = \sqrt{\frac{20.18}{4.00}} = 2.25$$

を得ることができる．

例題 18.1 終わり

§ 18.2　エネルギー等分配の法則

(18-10) 式から 1 mol の理想気体の内部エネルギーは，

$$(\text{理想気体 1 mol の内部エネルギー}) = N_A\langle\varepsilon\rangle = \frac{3}{2}RT \tag{18-13}$$

となる．この式における「3」は，分子運動が3つの方向への運動が何の束縛もなく可能であることを表しているが，これは自由度 (degree of freedom) f と呼ばれる．たとえば，2次元平面における質点の自由度は $f = 2$ であるし，3次元空間における剛体の自由度は $f = 6$ である．この自由度の概念を導入すると，(18-13) 式は，

$$(\text{理想気体 1 mol の内部エネルギー}) = N_A\langle\varepsilon\rangle = \frac{f}{2}RT \tag{18-14}$$

と書き直すことができる．

一般に分子が構造をもっているときなどは，前節で考えた並進運動による運動エネルギー以外にも回転運動等に起因するエネルギーをもつことができる．したがって，熱エネルギーは全ての運動の可能性に対して同等に寄与することが期待される．

次の法則は微視的エネルギーについてすべての自由度に平等にエネルギーが分配される

ことを意味する．

$$(1\,\text{自由度あたりの平均エネルギー}) = \frac{1}{2}kT \tag{18-15}$$

16.3.3 項において気体の比熱について議論した．(18-13) 式での自由度を f で残しておくと，

$$U = \frac{f}{2}RT \quad \rightarrow \quad C_V = \frac{f}{2}R \quad \rightarrow \quad C_p = \frac{f+2}{2}R \quad \rightarrow \quad \gamma = \frac{f+2}{f} \tag{18-16}$$

となる．測定データによれば, 次のようになる（問 16.9 参照）．

分子構造		自由度 (f)	比熱比 (γ)
単原子分子	（ヘリウムなど）	3	$5/3 = 1.66...$
2 原子分子	（水素など）	5	$7/5 = 1.4$
多原子分子		≥ 6	$8/6 = 1.33...$

分子を質点と考えれば自由度は 3 である．しかし，分子が構造をもっているときは回転運動などを行うことができる．このデータは**エネルギー等分配法則** (principle of equipartition) を支持している．

例題 18.2

100 °C の気体がある．断熱圧縮により温度を 200 °C にするためには，もとの体積の何%にすればよいか．エネルギー等分配の法則を用いて，以下の気体について答えよ．

(1) ヘリウム分子
(2) 酸素分子
(3) 水蒸気

考え方

それぞれの気体は 1 原子分子，2 原子分子，3 原子分子であるため，自由度がかわってくる．断熱圧縮による温度と体積の関係は，(16-19) 式によれば比熱比 γ に依存しており，この比熱比は自由度が決まれば決まる．したがって，それぞれの気体についての比熱比を求めればよい．

解法

ヘリウム分子，酸素分子，二酸化炭素分子の自由度はそれぞれ 3, 5, 6 である．したがって，各気体の比熱比は，(18-16) 式により，

$$\begin{aligned} \gamma = \frac{f+2}{f} &= \frac{5}{3} = 1.67 \quad \cdots \quad \text{ヘリウム分子} \\ &= \frac{7}{5} = 1.40 \quad \cdots \quad \text{酸素分子} \\ &= \frac{8}{6} = 1.33 \quad \cdots \quad \text{水蒸気} \end{aligned}$$

となる．

温度 T_0 において体積が V_0 である気体を断熱変化により T_1 にした場合，その体積比 V_1/V_0

は，(16-19) 式より，

$$\frac{V_1}{V_0} = \left(\frac{T_0}{T_1}\right)^{\frac{1}{\gamma-1}}$$

であるので，

$$\begin{aligned}\frac{V_1}{V_0} &= \left(\frac{373.15}{473.15}\right)^{1.5} = 0.70 \quad \text{(ヘリウム分子)} \\ &= \left(\frac{373.15}{473.15}\right)^{2.5} = 0.55 \quad \text{(酸素分子)} \\ &= \left(\frac{373.15}{473.15}\right)^{3.0} = 0.49 \quad \text{(水蒸気)}\end{aligned}$$

となる．

実際には，気体の比熱比の実験値は自由度から求まるものとは若干のずれがある．ここにあげた3つの気体の比熱比の実験値は，

$$\begin{aligned}\gamma &= 1.66 \quad \text{(ヘリウム分子)} \\ &= 1.396 \quad \text{(酸素分子 : 16 °C)} \\ &= 1.393 \quad \text{(酸素分子 : 100 °C)} \\ &= 1.33 \quad \text{(水蒸気 : 100 °C)} \\ &= 1.34 \quad \text{(水蒸気 : 400 °C)}\end{aligned}$$

である．

例題 18.2 終わり

§ 18.3　マクスウェル分布

ここまでは分子それぞれのエネルギーは異なるので，その平均値で温度との対応をつけた．そこで，ここではそのエネルギーのバラツキを分子速度の分布を通して考えてみる．

図 18-2 にあるように，ある「大きな」平衡状態にある温度 T の系を考える．この全体からみて「小さな」その部分系 i を考え，その部分系のエネルギーを E_i と記す．この場合，「大きい」，「小さい」とは，周囲の環境が部分系とエネルギーをやりとりしても，その環境自体のエネルギーの変化は微小で無視できるという意味であり，そう仮定できなければ，温度が一定の平衡状態という仮定自体が意味のないものとなってしまう[2]．この部分系は周囲の環境と相互作用しているのでエネルギーは一定ではなくある分布をもつ．これは**カ**

[2]このような温度一定の環境を「熱浴」とも呼ぶ．

ノニカル分布 (canonical distribution) と呼ばれ，次の式で表される．

$$(\text{エネルギー}\ E\ \text{をもつ確率}) \propto \exp\left(-\frac{E}{kT}\right) \tag{18-17}$$

エネルギーあるいは速度の分布の形を求めるには，状態数密度の考え方が必要である．

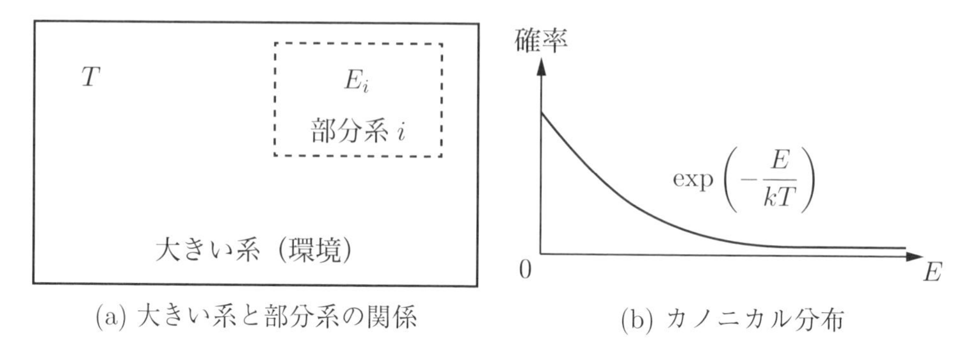

(a) 大きい系と部分系の関係　　(b) カノニカル分布

図 18-2: 部分系のエネルギー分布

$$(E \sim E+\delta E\ \text{をもつ確率}) \propto \exp\left(-\frac{E}{kT}\right) \times (E \sim E+\delta E\ \text{の状態数}) \tag{18-18}$$

ここで理想気体の分子の質量を m とするとエネルギーは $E = mv^2/2$ である[3]．速度ベクトルの空間，つまり，$\vec{v} = (v_x, v_y, v_z)$ の 3 次元空間内で分子がとることのできる状態の分布は一様であると仮定する．すると，

$$(v \sim v+\delta v\ \text{の状態数}) \propto 4\pi v^2 \delta v \tag{18-19}$$

であるから，これから速度分布は規格化定数を N として，

$$(v \sim v+\delta v\ \text{の確率}) = f(v)\,dv = N\exp\left(-\frac{mv^2}{2kT}\right)4\pi v^2\,dv \tag{18-20}$$

となる．規格化定数は，

$$\text{全確率が}\ 1 \quad \cdots \quad \int f(v)\,dv = 1 \tag{18-21}$$

から決まるので，速度分布は，

$$f(v) = 4\pi\left(\frac{m}{2\pi kT}\right)^{3/2} v^2 \exp\left(-\frac{m}{2kT}v^2\right) \tag{18-22}$$

となる．これを**マクスウェル分布** (Maxwell distribution) という．

確認と演習の準備 ●●●

- 気体の分子運動に基づいて，熱力学に出てくる物理量を表現できるようにする．

[3]理想気体なので他と力をおよぼしあわず，したがってポテンシャルエネルギーは考えない．

1. 気体分子の平均エネルギーを気体分子の質量 m と速度の2乗の平均値 $\langle v^2 \rangle$ を用いて表すとどのようになるか.

[$(1/2)m\langle v^2 \rangle$]

2. ボルツマン定数 k を気体定数 R とアボガドロ数 N_A を用いて表せ.

[R/N_A]

3. 単原子分子からなる気体分子の平均エネルギーをボツルマン定数 k と気体の絶対温度 T を用いて表せ.

[$3 \cdot (1/2)kT$]

4. 2原子分子からなる理想気体分子1 mol あたりの内部エネルギーを気体定数 R と理想気体の絶対温度 T を用いて表せ.

[$(5/2)RT$]

5. 次の文章の空欄に入る適当な記号，数値を答えよ.
気体分子の速度の2乗の平均値は温度 T の［　　　］乗 に比例する．ただし，このときの温度の単位は［　　　］である.

[1, K]

演習問題 ●●●

—A: 基礎編 —

問 18.1　分子量が M である気体の絶対温度 T における平均自乗速度の平方根 $\sqrt{\langle v^2 \rangle}$ を求めよ．また，温度27°Cにおける，

(1)　ヘリウム ($M = 4.00$)

(2)　酸素 ($M = 32.00$)

(3)　二酸化炭素 ($M = 44.01$)

の $\sqrt{\langle v^2 \rangle}$ を求めよ.

[ヒント] 分子量については，**14.1** 節を参照すること.

問 18.2　2原子分子からなる理想気体が絶対温度 T の状態である．このときの理想気体の1 mol あたりの並進運動による運動エネルギー K と内部エネルギー U を求めよ．また，2つの値の差に関して考察せよ．ただし，気体定数を R とする.

— B: 応用編 —

問 18.3　(18-21) 式から (18-22) 式を導け．このとき，次の積分公式を利用してよい.

$$\int_0^\infty x^2 \exp(-\alpha x^2)\, dx = \frac{1}{4}\sqrt{\frac{\pi}{\alpha^3}}$$

問 18.4　(18-22) 式の表す速度分布の最大を与える速度 v_{peak} を求めよ．これと平均自乗速度の平方根との比はいくらか．

問 18.5　比熱比 $\gamma = 1.39$ の気体がある．この気体分子の構造を推定し，0°C のときの内部エネルギーの平均値を見積もれ．

問 18.6　マクスウェル分布による速度分布のグラフの概形を描け．温度 T が $T \to 0$ となったとき，あるいは $T \to \infty$ となるとき，この分布の形がどう変わるか説明せよ．

問 18.7　温度に下限があるのはなぜか．気体分子運動論により説明せよ．

19 静電気–1

演習のねらい

- 電荷にかかる力と電荷，電場の関係を理解する．
- 点電荷による電場，電位の計算ができるようにする．

物理量	記号		単位	
電荷	q		[C]	（クーロン）
電場	$\vec{E}$		[N/C] または [V/m]	
電位（差）	V		[V]	（ボルト）
真空の誘電率	ε_0		[F/m]	
クーロン力の定数	k	$=1/(4\pi\varepsilon_0)$		

§ 19.1　電荷

電荷 (electric charge) は，質量などと同様に物質がもつ基本的な属性のひとつである．電荷は正負の双方があるが，実験的には 2 種類の電荷が等量で中和するとうことのみを意味しており，どちらを正と定義するのかは，歴史的事情に基づく慣例に過ぎない．したがって，絶対的な意味はない．

§ 19.2　電場

電荷には電気的な力が働く．電荷 q の存在する位置にある電場 (electric field) を $\vec{E}$ とすると，電荷 q に働く力 $\vec{F}$ は，

$$\vec{F}=q\vec{E} \tag{19-1}$$

である．力がベクトル量であるから，電場もベクトル量である．

§ 19.3　クーロン力

フランスの物理学者であるクーロン[1]は，数多くの実験データに基づき，電荷間に働く力を導き出した．クーロンによれば，距離 r だけ離れた点電荷 q_1, q_2 に働く力は，

$$\vec{F} = \begin{cases} \dfrac{1}{4\pi\varepsilon_0}\dfrac{q_1 q_2}{r^2} & \cdots \text{大きさ} \\ \\ \text{2つの電荷を結ぶ方向} & \cdots \text{向き} \end{cases} \tag{19-2}$$

となる．つまり，2電荷間に働く力はその電荷の積に比例し，相互距離の2乗に反比例することがわかる．これが**クーロンの法則** (Coulomb law) である．また，この力は静電気力あるいは**クーロン力** (Coulomb force) と呼ばれる．$k = 1/(4\pi\varepsilon_0)$ と書いて，k をクーロン力の定数と呼ぶ．k の値はおおよそ $9.0 \times 10^9\,\mathrm{N \cdot m^2/C^2}$ である．

(19-2) 式において，力 $\vec{F}$ は点電荷 q_1, q_2 間の相互関係によって生み出されているわけだが，見方を変えると，点電荷 q_1 が点電荷 q_2 に対して生み出していると考えることもできる．そこで，(19-1) 式に倣い，点電荷 q_1 が電場 $\vec{E}_1$ を生みだし，点電荷 q_2 に対して力 $\vec{F}_{21}$ を及ぼしているとすると，

$$\vec{F}_{21} = q_2\vec{E} \tag{19-3}$$

となり，電荷 q_1 と電場 $\vec{E}_1$ の関係が，

$$\vec{E}_1 = \begin{cases} \dfrac{1}{4\pi\varepsilon_0} q_1 r^2 & \ldots \text{大きさ} \\ \text{電荷を中心とした放射状} & \ldots \text{向き} \end{cases} \tag{19-4}$$

であることがわかる．

電荷 q が点Aにあるときの点Pでの電場は，

$$\vec{E} = k\frac{q}{r^2}\frac{\vec{r}}{r} \qquad (\vec{r} = \overrightarrow{\mathrm{AP}},\ r = |\vec{r}|) \tag{19-5}$$

である．

複数の電荷 $q_1, q_2, \cdots$ が点 $\mathrm{A}_1, \mathrm{A}_2, \cdots$ にあるときの点Pでの電場は，向きと大きさをまとめて1つの式で書くと，

$$\vec{E} = \sum_j k\frac{q\vec{r}_j}{r_j^3} \qquad (\vec{r}_j = \overrightarrow{\mathrm{A}_j\mathrm{P}},\ r_j = |\vec{r}_j|) \tag{19-6}$$

である．このとき，電場は線形性によりベクトルとして加算される．

[1]Charles-Augustin de Coulomb (1736 ∼ 1806)

§ 19.4　電位

(19-1) 式より，電場中の電荷は力を受ける．したがって，電荷 q を電場 $\vec{E}$ のなか，基準点 O から任意の点 P まで動かすためには，

$$W = \int_{\mathrm{O}}^{\mathrm{P}} (q \cdot \vec{E})\, d\vec{\ell} \tag{19-7}$$

の仕事が必要となる．この仕事によって得られたエネルギー $(-W)$ を電荷 q で割ったものを点 O を基準とするする**静電ポテンシャル** (electrostatic potential) または**電位** (electric potential) という．一般に，基準点 O は無限遠方にとることが多い．

したがって，この電位を V，電場を $\vec{E}$ とすると，

$$V = -\int_{\mathrm{O}}^{\mathrm{P}} \vec{E} \cdot d\vec{\ell} = \int_{\mathrm{P}}^{\mathrm{O}} \vec{E} \cdot d\vec{\ell} \tag{19-8}$$

と表される．なお，実際に意味があるのは以下の**電位差** (potential difference) なので，基準点 O の選択については特に気をつける必要はない．電場がベクトルなのに対して電位はスカラーなので扱いが容易である．

点電荷 q が作る電場は (19-5) 式なので，電荷 q が点 A にあるときの点 P での電位は，

$$V = k\frac{q}{r} \qquad (r = |\,\overrightarrow{\mathrm{AP}}\,|) \tag{19-9}$$

となる．

また，複数の電荷 $q_1, q_2, \cdots$ が点 $\mathrm{A}_1, \mathrm{A}_2, \cdots$ にあるときの点 P での電位は，

$$V = \sum_j k\frac{q}{r_j} \qquad (\vec{r}_j = |\,\overrightarrow{\mathrm{A}_j\mathrm{P}}\,|) \tag{19-10}$$

である．このように，複数電荷による電位の計算も，電位がスカラーなので単純になる．

2 点 A, B の電位 $V_{\mathrm{A}}, V_{\mathrm{B}}$ の差を 2 点間の「電位差」または**電圧** (voltage) と呼び，

$$V_{\mathrm{B}} - V_{\mathrm{A}} = -\int_{\mathrm{A}}^{\mathrm{B}} \vec{E} \cdot d\vec{r} \tag{19-11}$$

で定義する．

例題 19.1

点電荷 q, $-q$ が空間内の点 $\mathrm{A}_1\left(\dfrac{d}{2},0,0\right)$, $\mathrm{A}_2\left(-\dfrac{d}{2},0,0\right)$ にある．このようなものを，**電気双極子** (electric dipole) または略して双極子という．電荷 q と両電荷の間隔 d との積 dq の大きさをもち，負電荷から正電荷の方向をもつベクトル $\vec{\mu}$ を**電気双極子モーメント** (electric dipole moment) または単に双極子モーメントという．

電場を観測する点を $\mathrm{P}(x,y)$ とし，$\vec{r}=\overrightarrow{\mathrm{OP}}$, $r=|\vec{r}|$ とする．また，$\vec{\mu}=q\,\overrightarrow{\mathrm{A}_2\mathrm{A}_1}$ とする．P が十分遠方にあるときの電場 $\vec{E}$ が次の式で与えられることを説明せよ．

$$\vec{E}=k\frac{1}{r^3}\left(-\vec{\mu}+3\vec{r}\,\frac{\vec{r}\cdot\vec{\mu}}{r^2}\right)$$

考え方

点電荷 q の作る電場は (19-5) 式で表される．これを 2 つの電荷についてベクトル的に加算する．また十分遠方とは今の場合 $r\gg d$ を意味する．このようなとき，次のような近似公式を上手に使わないといけない．

$$|x|\ll 1\text{ のとき}\qquad (1+x)^n=1+nx+\frac{n(n-1)}{2}x^2+\cdots$$

解法

求める電場は，

$$\vec{E}=k\frac{+q\vec{r}_1}{r_1^3}+k\frac{-q\vec{r}_2}{r_2^3}$$

である．ここでベクトル $\vec{s}$ を，

$$\vec{s}=\overrightarrow{\mathrm{OA}_1}-\overrightarrow{\mathrm{OA}_2}=\left(\frac{d}{2},0,0\right)$$

と定義すると，

$$\vec{r}_1=\overrightarrow{\mathrm{A}_1\mathrm{P}}=\vec{r}-\vec{s},\quad \vec{r}_2=\overrightarrow{\mathrm{A}_2\mathrm{P}}=\vec{r}+\vec{s},$$

である．

ベクトルの長さは内積を使い計算される．

$$r_1=|\vec{r}_1|=\sqrt{\vec{r}_1\cdot\vec{r}_1}=\sqrt{(\vec{r}-\vec{s})\cdot(\vec{r}-\vec{s})}=\sqrt{|\vec{r}|^2-2\vec{r}\cdot\vec{s}+|\vec{s}|^2}$$

$r=|\vec{r}|$ であり，遠方では $d\ll r$ なので，

$$r_1\simeq\sqrt{r^2\left(1-\frac{2\vec{r}\cdot\vec{s}}{r^2}\right)}=r\left(1-\frac{2\vec{r}\cdot\vec{s}}{r^2}\right)^{\frac{1}{2}}$$

と近似できる．さらに，

$$\frac{1}{r_1^3}\simeq\frac{1}{r^3}\left(1+3\frac{\vec{r}\cdot\vec{s}}{r^2}\right)$$

が成り立つ．同様に，

$$\frac{1}{r_2^3} \simeq \frac{1}{r^3}\left(1 - 3\frac{\vec{r}\cdot\vec{s}}{r^2}\right)$$

である．これから，

$$\vec{E} \simeq \frac{kq}{r^3}\left[(\vec{r}-\vec{s})\left(1+3\frac{\vec{r}\cdot\vec{s}}{r^2}\right) - (\vec{r}+\vec{s})\left(1-3\frac{\vec{r}\cdot\vec{s}}{r^2}\right)\right]$$

となる．$\vec{\mu} = 2q\vec{s}$ の関係に注意すると，問題に与えられた式を得る．

例題 19.1 終わり

確認と演習の準備 ●●●

- 電荷にかかる力と電荷，電場の関係を理解する．
  1. 電場 $\vec{E} = (E_x, E_y, E_z)$ 中にある電荷 q が受ける力を求めよ．

     $[(qE_x, qE_y, qE_z)]$
  2. 大きさが $E = 2 \times 10^4\,\mathrm{V/m}$ である電場の中で，電子が受ける力の大きさはいくらか．

     $[3.2 \times 10^{-15}\,\mathrm{N}]$
- 点電荷による電場，電位の計算ができるようにする．
  1. 電荷と電荷の間に働く電気的な力の大きさは，電荷間の距離の何乗に比例するか．

     [-2 乗]
  2. 真空中にある 5 mm 間隔の電子同士に働く力を求めよ．

     $[9.2 \times 10^{-24}\,\mathrm{N}]$
  3. 真空中において，原点に電荷が q の点電荷がある．電位の基準を無限遠方に取る．
     (a) 点 $\mathrm{A}(a, 0, 0)$ における電位を求めよ．
     (b) 点 $\mathrm{B}(x, y, z)$ における電位を求めよ．

$$\left[\text{(a)}\ \frac{1}{4\pi\varepsilon_0}\frac{q}{a}, \quad \text{(b)}\ \frac{1}{4\pi\varepsilon_0}\frac{q}{\sqrt{x^2+y^2+z^2}}\right]$$

演習問題 ●●●

—A: 基礎編 —

問 19.1　真空中の xy 平面上の点 $\mathrm{A}(a, 0)$ に q の電荷がある $(q > 0)$．

(1) 原点における電場を 2 次元の成分表示で示せ．

(2) 点 $\mathrm{B}(0, b)$ における電場を 2 次元の成分表示で示せ．

ただし，真空の誘電率を ε_0 とする．

問 19.2　真空中の xy 平面上の 2 点 $\mathrm{A}(a, 0)$, $\mathrm{B}(-a, 0)$ にそれぞれ q, $-q$ の電荷がある．

(1) 2つの電荷間に働く力は引力か，斥力か．また，その大きさはいくらか．

(2) 原点における電場を2次元の成分表示で示せ．

(3) 点 $C(0, b)$ における電場を2次元の成分表示で示せ．

ただし，真空の誘電率を ε_0 とする．

問 19.3 一様な大きさ E の電場がある．距離 d だけ離れた2点があり，2点を結ぶ線分は電場ベクトルと角度 θ をなす．2点間の電位の差の大きさはいくらか．

— B: 応用編 —

問 19.4 電荷の大きさがともに q $(q > 0)$ である点電荷が xy 平面上の点 $(a, 0)$, $(0, a)$ にある $(a > 0)$．また点Pを (a, a) とする．

(1) 点Pでの電場ベクトルの大きさと向きを答えよ．

(2) 第3の電荷 Q を x 軸上の適当な位置において，点Pでの電場を0にしたい．この Q を置くべき位置と，Q/q の値を求めよ．

問 19.5 [2] 真空中の xy 平面上の点 $A_1(2a, 0)$ に電荷 q_1 が，点 $A_2(0, a)$ に電荷 q_2 が固定されている．原点を $O(0, 0)$，点Pを $(2a, a)$ とする．また，$a > 0$, $q_1 > 0$, $q_2 > 0$ であり，真空の誘電率を ε_0 とする．ただし，以下の問はそれぞれ独立である．

(1) 点Pでの電場ベクトルが x 軸に対して45度の角度をなす方向を向いているとするとき，q_1 と q_2 の比 $\dfrac{q_1}{q_2}$ を求めよ．

(2) $q_1 = q_2$ であるとする．このとき，点Pでの電場を0にするため x 軸上のある点Bに電荷 Q をおいた．点Bの x 座標および Q と q_1 の比 $\dfrac{Q}{q_1}$ を求めよ．

(3) $q_1 = 4q_2$ であるとする．このとき，別の電荷 q_3 を点Pにおき，そこから原点Oまで移動させた．このときの仕事を q_2, q_3, a, ε_0 を用いて表せ．

問 19.6 電荷の大きさがともに $q(> 0)$ である点電荷が xy 平面上の点 $(-a, 0)$, $(a, 0)$ に固定されている $(a > 0)$．また点Pを $(0, b)$，原点Oを $(0, 0)$ とする．

(1) 点Pと点Oの電位差を求めよ．

(2) 第3の電荷 Q を点Pから点Oまで動かした．電位差を利用して，このときの仕事の大きさを求めよ．

(3) 前項の仕事を電荷 Q に働く電場からの力を用いて計算し，同じ答えになることを示せ．

問 19.7 電荷 q が原点付近にあり，2つの Q の電荷が x 軸上の $x = a$ および $x = -a$ に固定されている $(q > 0, Q > 0)$．q が x 軸に沿って運動するとき，原点からの変位 x が a に比べて微小であるとして q に働く力を求めよ．

[ヒント] 例題 19.1 のような近似計算を要する．

問 19.8 真空中に点電荷 $q_1(< 0)$, $q_2(< 0)$ が，それぞれ xy 平面上の点 $(a, 0)$, $(-a, 0)$ にあ

[2] 工学院大学 1998 年度入学試験問題より．

る $(a>0)$．また，点電荷 $q(>0)$ が xy 平面上の点 (x,y) にある．真空の誘電率を ε_0 として，次の問に答えよ．

(1) 点電荷にかかる力 $\vec{F}$ を求めよ．

(2) 点電荷 q の座標が $(0,0)$ であったとき，この3つの電荷それぞれについて，他の2つの電荷からの力の和が0になった．比 q_1/q, q_2/q を求めよ．

(3) 前項のように3つの電荷が静電気力でつりあっている．この系は安定であるかどうかを調べたい．他の電荷を固定して，電荷 q を微小な距離 δ だけ，原点から x 軸方向にずらした場合，および原点から y 軸方向にずらした場合のそれぞれについて，q に働く力の向きを求めよ．その結果から安定性について答えよ．

問 19.9 真空中に半径 a の無限に長い円柱の表面に単位長さあたりに ρ の割合で一様に電荷が分布しているとき，中心軸から r だけ離れた点での電場と電位を求めよ．ただし，円柱表面での電位を V_0 とし（問 20.4 を参照），真空の誘電率を ε_0 とする．

問 19.10 [3] ボーアの水素原子模型を用いて，電荷が光速度よりも十分に小さい速度で運動する場合にクーロンの法則を適用することができるかどうかを検討してみる．この模型では，陽子は電子よりも十分に重いので不動と見なしてよい．そして，真空中で電子が陽子の周りを等速円運動していると考える．真空の誘電率を ε_0 とする．

(1) 質量 m の電子が半径 r の円運動を速さ v で運動するとき，電子に働く向心力の大きさはいくらか．

(2) 電子のもつ電荷を $-e$ とすると，電子と陽子の間に働くクーロン力の大きさはいくらか．

(3) 電子の質量を m，速さを v，プランク定数を h とすれば，この電子波（電子の物質波）の波長はどのように表されるか．

(4) ボーアの量子条件によれば，量子数が $n=1$ の場合には，電子の軌道半径 r の円周上にちょうど1波長分の電子の定常波が存在する状態と解釈される．このことにより，v を m, r, h を使って表せ．

(5) 電子の回転半径（ボーア半径）r を ε_0, e, m, h を用いて表せ．

(6) 電子の速さ v と光速度 c の比 $\alpha=\dfrac{v}{c}$ を ε_0, e, h, c を用いて表せ．

(7) $1/\alpha$ を求めよ．

したがって，電子の速さが光速度の100分の1以下であることが分かるので，水素原子を調べる過程において，クーロンの法則を利用してよいことが示された．この α は微細構造定数と呼ばれる無次元量で（表 28.7 参照），電磁相互作用の強さを表す結合定数として広く知られている．

[3] 工学院大学 2002 年度入学試験問題より．

20 静電気–2

演習のねらい

- ガウスの法則を利用して，電場の計算ができるようにする．

物理量	記号	単位	
電場	$\vec{E}$	[N/C] または [V/m]	
電荷	q	[C]	（クーロン）
真空の誘電率	ε_0	[F/m]	

§ 20.1　ガウスの法則

電荷　…　電場の源

電場　…　電気現象の基本量

この両者の関係をつけるのが**ガウスの法則** (Gauss law) である．この法則は**電気力線** (line of electric force) の概念から幾何学的な保存法則として定式化された．電荷から生じている電場は，ちょうど噴水の口から水が流れ出しているようなものとみなされる．その「電気的な流体の流れ」が電気力線である．ただし,「水」は重力に引かれて下向きに流れるが，電気力線はあらゆる方向に対称に出ている．ガウスの法則では，空間に閉曲面 S（穴のない閉じた曲面）を 1 つ考え，その表面での電場と内部の電荷の関係が規定される．

≫≫≫≫ **ガウスの法則** ≪≪≪≪

$$\sum E_{\mathrm{n}} \Delta S = \frac{1}{\varepsilon_0} \sum q \qquad (20\text{-}1)$$

左辺の和 … 面 S を分割しそれぞれの $E_{\mathrm{n}}\Delta S$ の和

右辺の和 … 面 S 内部の電荷の和

E_{n} … 面 S 上の電場の法線成分

ΔS … 面 S の分割された一片の面積

ε_0 … 真空の誘電率という定数

ガウスの法則を具体的な対象に適用する際は次のようにする．

ステップ–1 **考察対象の特徴（対称性）を把握して曲面Sを設定する．**

これが一番難しい．これは幾何学の問題で補助線を選ぶようなもので，問題の「対称性」を見て，うまく選ぶ必要がある．電場が空間内でどのような分布をしているかを物理的に把握しなくてはいけない．初心のうちは，とにかく慣れるしかない．重要なことは，どんな曲面Sを選んでもガウスの法則は成立する．しかし，曲面Sの選び方で計算の難易度は大きく変わる．

ステップ–2 **選ばれた曲面Sをいくつかの部分に分割し，それぞれの部分についてE_nとΔSを求めそれを合計する．**

このステップで必要なのは，掛け算，足し算だけである．しかし，一般に「分割」を無限に細かくする必要のある場合は，面積分とよばれる数学的技術を要する．

ステップ–3 **曲面S内部にある電荷を合計する．**

これも一般には積分計算となる．

ステップ–4 **両辺が計算されたので，両者を等しいとおく．結果として電場と電荷の関係式が得られた．**

あたりまえであるが，関係式を使うと一方から他方を導くことができる．

例題 20.1

点電荷qがある．ガウスの法則を適用し，この電荷が作る電場が，

$$\vec{E} = \begin{cases} \dfrac{1}{4\pi\varepsilon_0}\dfrac{q}{r^2} & \cdots \text{大きさ} \\ \text{電荷を中心とした放射状} & \cdots \text{向き} \end{cases}$$

であることを示せ．

[ヒント]　面Sを電荷を中心とする半径rの球面とする．

考え方

まず，やらなくてはいけないことは，このときどのような電場（ベクトル場である$\vec{E}$）が空間内に分布しているかを考察することにある．

点電荷から，電気力線が出ている．そして点電荷はどちらの方向から見ても同じように見えるはずだから，特定の方向に出やすいとか出にくいということはないはずである．したがって，点電荷からあらゆる方向に外向きに真っ直ぐ出ているはずである．適切な日本語がないが，完全に球状の栗のイガやウニの棘を連想してもらいたい．

また，電気力線は消滅・生成しないから，電荷の近くでは密で，遠ざかるにつれて疎になる．だから電場の強さは距離とともに減少するはずである．それをこれから計算するのだ．

さて，電荷を中心とする球面をSとすると，以上の考察から，

(1)　面Sの上のすべての点で電場の強さは等しい，
(2)　面Sと電場ベクトルは直交している，

ことがわかる．であれば，この場合は面Sを分割する必要はなく，$|\vec{E}| = E_\mathrm{n}$であるので左

辺は単純に,

$$\sum E_{\mathrm{n}} \Delta S = (r\text{ での電場の強さ}) \cdot (S\text{ の面積})$$

から計算される.

解法

電荷を中心とする半径 r の球面をSとする．電場ベクトルの向きは対称性から球面に垂直な方向である．ガウスの法則から,

$$E \cdot 4\pi r^2 = \frac{q}{\varepsilon_0}$$

ここで $E = |\vec{E}| = E_{\mathrm{n}}$ である．以上から問いの式が得られた.

例題 20.1 終わり

確認と演習の準備 ●●●

- ガウスの法則を利用して，電場の計算ができるようにする.

1. 半径 r の円を底面とする高さ ℓ の円柱の側面の面積を求めよ.

[$2\pi r\ell$]

2. 半径 r の円を底面とする高さ ℓ の円柱の底面の面積の和を求めよ.

[$2\pi r^2$]

3. 半径 r の球体の表面積と体積を求めよ.

[$4\pi r^2, (4/3)\pi r^3$]

4. 次の空欄に入る適当な式，記号を答えよ.
強さ E の電場中にある電荷 q には大きさ［　　］の力が働く．電荷の単位 [C] は [A], [s] を用いて［　　］と表され，電場の単位は [A], [kg], [m], [s] を用いて［　　］となる.

[qE, [A · s], [kg · m/(A · s^3)]]

5. 間隔が 1 mm である電極間に電位差 200 V を与えた．電極間の電場の大きさはいくらか.

[2×10^5 V/m]

演習問題 ●●●

=-= 注 =-= この章の練習問題では，全て真空中での議論であり，真空の誘電率を ε_0 とする.

問 20.1　半径 R の薄い球殻があり，それに電荷が一様に分布している．全電荷は Q である．ガウスの法則を適用し空間の電場を求めよ.

[ヒント] 例題とほとんど同じであるが，球の外と中で場合別けをして考える.

問 20.2　薄く広い平面Aに一様に電荷が分布している．電荷の量は単位面積あたり σ で

ある．ガウスの法則を適用し空間の電場を求めよ．

[ヒント] 面 **S** は平面 **A** に垂直な柱状（たとえば直円柱）の面とする．まず考察して電場の向きを決める．次に **S** を面 **A** を含まないものとして，電場の大きさが一定であることを示す．次に **S** を面 **A** を含むものとして，この一定の電場を求める．なお,「対称性」から面の上と下での電場の大きさは等しいはずである．

問 20.3 薄く広い 2 枚の平面 A, B があり一様に電荷が分布している．この平面 A, B は平行である．電荷の量は単位面積あたり A, B それぞれが σ, $-\sigma$ である．ガウスの法則を適用し空間の電場を求めよ．

[ヒント] 問 **20.2** も参考にする．**3** つの領域に分けられた空間の電場の強さをそれぞれ変数（たとえば E_1, E_2, E_3）とする．面 **S** は平面に垂直な柱状（たとえば直円柱）の面とし，面 **A** を含むとき，面 **B** を含むとき，面 **A**, **B** 双方を含むときの **3** とおりを考え，それぞれについて式を作る．なお,「対称性」から **A** 面の上と **B** 面の下での電場の大きさは等しいはずである．

問 20.4 細く長い直線に一様に電荷が分布している．電荷の量は単位長さあたり ρ である．ガウスの法則を適用し空間の電場を求めよ．

[ヒント] 面 **S** は直線を中心とする半径 r，高さ h の直円柱の面とする．

21 コンデンサーと静電エネルギー

演習のねらい

- コンデンサーの合成計算ができるようになる．
- 静電エネルギーを理解する．

物理量	記号	単位
電気容量 (静電容量)	C	[F]　(ファラド)
電束密度	$\vec{D}$	[C/m^2]
分極	$\vec{P}$	[C/m^2]
誘電率	ε	[F/m]
比誘電率	ε_{r}	—
電気感受率	χ_{e}	—

§ 21.1　コンデンサー

真空中で 2 つの導体が近接して置かれ，一方に電荷 $+Q$，他方に電荷 $-Q$ を与えたとき，両者間の電位差を V とすると，

$$Q = CV \tag{21-1}$$

が成り立つ．ここで，C は Q や V とは独立に導体の相対位置，形状によって決まる定数であり，**電気容量** (electric capacity) と呼ばれる．このように近接した 2 つの導体によってなる系を**コンデンサー** (condenser) と呼ぶ．ただし，平板コンデンサーだけがコンデンサーではないので留意すること．

なお，静電場においては，個々の導体の表面における電位はその導体全体にわたって一定であり，導体内部には電場は存在しないことを注意しておく．

(21-1) 式より，電気容量を決めるには電荷 q と電位差 V の関係がわかればよいことになる．両者の仲立ちをするのが電気現象の基本量である電場 $\vec{E}$ である．ガウスの法則より $\vec{E}$ と q の関係がつき，一方，電位差 V は電場 $\vec{E}$ から決まる．

コンデンサーに蓄えられる**静電エネルギー** (electrostatic energy)U は，コンデンサーの容量を C，電位差を V，電荷を $\pm Q$ とすると，

$$U = \frac{1}{2}QV = \frac{1}{2}CV^2 = \frac{1}{2}\frac{Q^2}{C} \tag{21-2}$$

で与えられる.

§ 21.2 静電エネルギー

電場が存在する空間には，単位体積あたり，

$$u = \frac{1}{2}\vec{E}\cdot\vec{D} = \frac{1}{2}\varepsilon|\vec{E}|^2 \tag{21-3}$$

のエネルギーがある．この u を静電エネルギー密度と呼ぶ．(21-3) 式において，2 番目の等号は $\vec{D} = \varepsilon\vec{E}$ を用いた.

§ 21.3 誘電体

物体の電場，電流に対する性質に着目すると，大きく 2 つに分けることができる.

- **導体** (conductor)
  導体内では，原子は規則的に格子上に配列される．そして，原子の外殻電子（の一部）が原子から離れ導体全体に属する形になり，格子の間を電子が自由に動きまわることができる状態になっているので，電場のなかに入れると電流が流れる．このような電子は**自由電子** (free electron) と呼ばれる.
- **絶縁体** (insulator)
  絶縁体では，電子は各原子に属し，電場に入れてもその電子がわずかに変位するだけとなる.

電場内の絶縁体で電荷がわずかに変位する現象を**誘電分極** (dielectric polarisation) という．そのため，絶縁体は **誘電体** (dielectric) とも呼ばれる.

§ 21.4 誘電分極

誘電分極のとき現れる電荷は**分極電荷** (polarized charge) と呼ばれる．また，分極電荷の変位の方向と垂直な単位面積を通って移動した分極電荷の大きさをもつベクトル $\vec{P}$ を**分極** (polarization) という．分極 $\vec{P}$ は，通常は外部電場 $\vec{E}$ に比例するとしてよい．この関係を，

$$\vec{P} = \chi_{\mathrm{e}}(\varepsilon_0\vec{E}) \tag{21-4}$$

と表すとき，χ_{e} を**電気感受率** (electric susceptibility) あるいは**分極率** (polarizability) という．電気感受率は無次元量である.

誘電体を電場のなかに入れるとき，誘電体内部の分極電荷を見かけの電荷で置き換えると，誘電体の見かけの電荷が真空中に分布している場合と同等であると考えられる．したがって，誘電体中におけるガウスの法則は，誘電体を含む静電場の任意の閉曲面の面積を S，その閉曲面の内部に与えた電荷を q（これを「真電荷」という），見かけの電荷を q' とすると，

$$\sum E_{\mathrm{n}}\Delta S = \frac{1}{\varepsilon_0}(q + q') \tag{21-5}$$

となる．ここで $\vec{P}$ の外向きの法線成分を P_{n} とすると，q' は分極によって閉曲面内に残った

分極電荷であるので,

$$\sum P_{\mathrm{n}} \Delta S + q' = 0 \tag{21-6}$$

となる. (21-6) 式を (21-5) 式に代入すると,

$$\sum (\varepsilon_0 E_{\mathrm{n}} + P_{\mathrm{n}}) \Delta S = q \tag{21-7}$$

となる. このときの $D_{\mathrm{n}} = \varepsilon_0 E_{\mathrm{n}} + P_{\mathrm{n}}$ を誘電体内の**電束密度** (electric flux density) といい,

$$\vec{D} = \varepsilon_0 \vec{E} + \chi_{\mathrm{e}} \varepsilon_0 \vec{E} = \varepsilon \vec{E} \tag{21-8}$$

とした場合の ε を**誘電率** (dielectric constant) という. また, $\varepsilon_{\mathrm{r}} = \varepsilon / \varepsilon_0 = 1 + \chi_{\mathrm{e}}$ を**比誘電率** (relative dielectric constant) という.

例題 21.1

真空中に面積 S の導体板を 2 枚, 間隔 d だけ離しておいた. 極板にそれぞれ $\pm q$ の電荷を与えたとき, 以下の問に答えよ.

(1) 極板間の電場を求めよ.
(2) 極板間の電位差を求めよ.
(3) このコンデンサーの電気容量を求めよ.
(4) コンデンサーの極板間に蓄えられる, 単位体積あたりの静電エネルギーを求めよ.
(5) 極板間に比誘電率 ε_{r} の誘電体を詰めたとき, 以上の問の答えはどう変わるか.

考え方

電場は 20.1 節のガウスの法則から定まり, それから電位が決まる.

コンデンサーの電気容量は導体の形状, 相互の位置により定まる. この場合は平板であるため, その面積と距離によるはずである.

誘電体にみたされている場合は, 真空中の誘電率をその物質の誘電率に置き換えることにより同じ考察を行うことができる.

解法

(1) 問 20.3 から，平板の間の電場が決まる．このとき，電荷密度 $\sigma = q/S$ とすればよい．したがって，

$$|\vec{E}| = \frac{q}{\varepsilon_0 S}$$

となる．その方向は極板に垂直であり，正の電荷をもつ電極板から負の電荷をもつ電極板に向かっている．

(2) $\vec{E}$ は一定であり極板に垂直であるため，電位 V は，

$$V = |\vec{E}|d = \frac{qd}{\varepsilon_0 S}$$

である．

(3) 与えられた電荷がそれぞれ $\pm q$ であり，その電位差が $V = (qd)/(\varepsilon_0 S)$ であるのだから，

$$C = \frac{q}{V} = \varepsilon_0 \frac{S}{d}$$

となる．

(4) 静電エネルギーを U とすると，

$$U = \frac{1}{2}qV = \frac{q^2 d}{2\varepsilon_0 S}$$

となる．

(5) 誘電体をみたした場合は比誘電率が ε_{r} であるので，誘電率は $\varepsilon = \varepsilon_{\mathrm{r}}\varepsilon_0$ である．真空中の議論で得られた結果の真空の誘電率をこの誘電率で置き換えればよいのだから，

$$|\vec{E}| = \frac{q}{\varepsilon_{\mathrm{r}}\varepsilon_0 S}, \quad V = \frac{qd}{\varepsilon_{\mathrm{r}}\varepsilon_0 S}, \quad C = \varepsilon_{\mathrm{r}}\varepsilon_0 \frac{S}{d}, \quad U = \frac{q^2 d}{2\varepsilon_{\mathrm{r}}\varepsilon_0 S}$$

となる．

例題 21.1 終わり

確認と演習の準備 ●●●

- コンデンサーの合成計算ができるようになる．
  1. 電気容量が抵抗 C_1 と C_2 であるコンデンサーが直列，並列に接続されているときの合成容量はいくらか．

     [直列 $\cdots \dfrac{C_1 C_2}{C_1 + C_2}$, 並列 $\cdots C_1 + C_2$]
  2. 電気容量が C_1, C_2, C_3 であるコンデンサーが直列，並列に接続されているときの合成容量はいくらか．

     [直列 $\cdots \dfrac{C_1 C_2 C_3}{C_2 C_3 + C_3 C_1 + C_1 C_2}$, 並列 $\cdots C_1 + C_2 + C_3$]

3. 電気容量が $C_1, C_2, \cdots, C_n$ のコンデンサーが直列，並列に接続されているときの合成容量はいくらか．

$$[\text{直列}\cdots \frac{1}{C} = \frac{1}{C_1} + \frac{1}{C_2} + \cdots + \frac{1}{C_n}, \text{並列}\cdots C_1 + C_2 + \cdots + C_n]$$

- 静電エネルギーを理解する．

1. 電気容量が 100 pF であるコンデンサーに 15 V の電圧をかけた場合のコンデンサーに蓄えられた静電エネルギーを求めよ．

[11.25 nJ]

演習問題●●●　—A: 基礎編—

問 21.1　電気容量が $4\,\mu$F のコンデンサー C が何個かある．これを組み合わせて，容量が $2\,\mu$F と $16\,\mu$F のコンデンサーを作るためには，どうすれば良いか．

問 21.2　真空の誘電率を ε_0 とし，極板の面積 S，極板間の距離 d の平行平板コンデンサーが電荷 Q に帯電しているとき，両極板間を抵抗線で結んだときの発熱量はいくらか．

問 21.3　25 V で充電された電気容量 $2\,\mu$F のコンデンサーと 100 V で充電された電気容量 $0.5\,\mu$F のコンデンサーがある．これらのコンデンサーを極性をそろえて並列に接続した．

(1)　帯電している電荷はいくらか．

(2)　両極間の電圧はいくらか．

問 21.4　電気容量が 5×10^{-10} F の平行平板コンデンサーがある．これを 8 V の直流電源につないだ．

(1)　帯電した電荷はいくらか．

(2)　極板の間隔が 2 mm であったとすると，極板間の電場の大きさはいくらか．

— B: 応用編 —

問 21.5　真空中に面積 S の同じ形の導体板 2 枚を距離 x だけ離して平行に対置させ，一方に Q，他方に $-Q$ の電荷を与える $(Q > 0)$．x は面積 S に対して十分小さいとして以下の問に答えよ．ただし，真空の誘電率を ε_0 とする．

(1)　両極間の電場の大きさ E を求めよ．

(2)　電場に蓄えられているエネルギーはいくらか．

(3)　x を Δx だけ増加させるとエネルギーはいくらになるか．

(4)　前の問題の答えから，2 つの極板の引き合う力を求めよ．

[ヒント]　極板を力 F で Δx だけ動かすときの仕事は $F\Delta x$ でこの仕事が前項のエネルギーの変化分．

問 21.6　十分に広い面積 S，間隔 d の平板コンデンサーの両極 A, B に定電圧電源により電位差Vを与えることによって，電極A, Bには$\pm q$の電荷が生じた．この電極間に同じ面積で厚さt $(t < d)$の，電荷をもたない導体板Pを極板に平行に極板に接触しないように挿入した．

(1) 導体を挿入する前，電源を外して電極A, Bの電荷qが一定に保たれている場合．

(a) 導体板PのA側には$-q'$，B側には$+q'$の電荷が現れるはずである．導体内部には電場が存在しないことから，qとq'の関係を求めよ．

[ヒント] **20.1**節のガウスの法則の例や議論を思い出すこと．

(b) 極板Aと導体板Pの距離をxとする．AとPの間，および，PとBの間の電位差を求めよ．

(c) 電極A, B間の電位差を求めよ．

(2) 終始電源をつないでAB間の電位差をVに保っている場合．

(a) 極板Aには$+Q$，極板Bには$-Q$，導体板PのA側には$-Q'$，B側には$+Q'$の電荷が現れるはずである．導体内部には電場が存在しないことから，QとQ'の関係を求めよ．

(b) 極板Aと導体板Pの距離をxとする．AとPの間，および，PとBの間の電位差を求めよ．

(c) Qを求めよ．

問 21.7 面積S，間隔dの平行平板コンデンサーの極板間に，極板の端からℓだけ比誘電率ε_{r}の誘電体が差し込んである．極板の形は正方形である．このコンデンサーの電気容量はいくらか．ただし，真空の誘電率をε_0とする．

問 21.8 長さℓ，半径a, bの2つの金属円筒がある$(\ell \gg b > a)$．この円筒の金属の厚さは無視できるとする．この2つの円筒を中心軸が一致するようにおいたとき，この円筒状コンデンサーの電気容量を求めよ．ただし，円筒間は真空であり，真空の誘電率をε_0とする．(→問19.9参照.)

問 21.9 半径r_0の導体球Aに電荷$q(>0)$を与え，それと同心に内半径a，外半径bの導体球殻Bをおいたとする$(r_0 < a < b)$．真空の誘電率をε_0とし，以下の問に答えよ．

(1) 導体球Aの表面電荷密度はいくらか．

(2) 以下のそれぞれの場合について，AB間の電位差を求めよ．

(a) 題意のようにBが存在する場合．

(b) Bを接地した場合．

(c) $a, b \to \infty$とした場合．

(3) 以下のそれぞれの場合について，AB間の電気容量を求めよ．

(a) 題意のようにBが存在する場合．

(b) Bを接地した場合．

(c) $a, b \to \infty$とした場合．

22 電流の作る磁場

演習のねらい

- 磁気に慣れる.
- 電流の作る磁場の計算ができるようになる.

物理量	記号	単位
磁場	$\vec{H}$	[A/m]
電流	I	[A]　(アンペア)
磁束密度	$\vec{B}$	[T]　(テスラー)
真空の透磁率	μ_0	[H/m]

§ 22.1　電流と磁場

電流によって磁場が生じる. 以下では, この両者の関係を表す2つの法則を説明する. この両者はおおむね同等であるが, **ビオ-サバールの法則** (Biot-Savort's law) は微小な電流を積み上げて磁場を作り, **アンペールの法則** (Ampère law) は電流と磁場の大域的な関係を示す.

いずれにしても, 電流があるとその周囲に発生する磁場の基本的なイメージとして, 以下のような実験事実を頭に入れておく必要がある.

(1) 電流が直線的で, 電流が右ねじの進む方向に流れるとき, 磁場はその周りに右ねじをまわす向きに環状に発生する. 磁場の強さは電流からの距離に逆比例する.
(2) 電流が右ねじをまわす向きに環状に流れるとき, 磁場は輪をくぐって一周するような形で生じ, 輪の中心付近では右ねじの進む方向を向く.

磁場 (magnetic field) と**磁束密度** (magnetic flux density) の間には (真空中で) 次のような関係がある.

$$\vec{B} = \mu_0 \vec{H} \tag{22-1}$$

§ 22.2　ビオ-サバールの法則

強さ I の電流の上に近接した 2 点 A, B をとり，その微小な部分をベクトル $\overrightarrow{\mathrm{AB}} = \Delta\vec{s}$ で表すとき，その部分が $\overrightarrow{\mathrm{AP}} = \vec{r}$ の位置にある点 P に作る磁場 $\Delta\vec{H}$ は，

$$\Delta\vec{H} = \frac{1}{4\pi}\frac{I\,\Delta\vec{s}\times\vec{r}}{r^3} \tag{22-2}$$

であるという．したがって，電流の作る磁場の向きは $\Delta\vec{s}$ と $\vec{r}$ に垂直で，右ねじを $\Delta\vec{s}$ の方向から $\vec{r}$ の方向に回したときにねじの進む方向である．

電流 I が点 P に作る磁場は，電流の各部分を微小な部分に分割し，それぞれが (22-2) 式にしたがって作る磁場を合計すればよいので，

$$\vec{H} = \sum\Delta\vec{H} = \int\frac{1}{4\pi}\frac{I\,d\vec{s}\times\vec{r}}{r^3} \tag{22-3}$$

で表される．これは「ビオ-サバールの法則」と呼ばれる．

§ 22.3　アンペールの法則

閉曲線 C を縁にもつ任意の曲面を電流 I_j $(j = 1, 2, \cdots)$ が貫いているとき，その電流の代数和は閉曲線の線要素ベクトルと磁場の内積の和（閉曲線に沿ってとった磁場の強さ H の線積分）に等しい．つまり，

$$\sum\vec{H}\cdot\Delta\vec{s} = \oint_{\mathrm{C}}\vec{H}\cdot d\vec{s} = \sum_j I_j \tag{22-4}$$

である．ただし，$d\vec{s}$ は閉曲線 C の線要素ベクトルであり，I_j の符号は閉曲線 C をめぐる線要素ベクトル $\vec{s}$ の方向に右ねじをまわすときにねじの進む方向を正，その反対の方向のとき負とする．これは「アンペールの周回積分の法則」または単に「アンペールの法則」と呼ばれる．

例題 22.1

半径 a の円を底面とする円筒状の無限に長いソレノイドがある．ソレノイドの単位長さあたりの巻数は n である．このソレノイドに電流 I を流した．中心軸上の点 P に生じる磁場 $\vec{H}$ を求めよ．

考え方

電流の作る磁場を求める場合，2 通りの解法が考えられる．つまり,「アンペールの法則」と「ビオ-サバールの法則」のどちらかを用いるのであるが，特に「アンペールの法則」は無限長のソレノイドなどの対称性の高い導線を流れる定常電流の作る磁場を求める場合に有効である．

この問題の場合，ソレノイドは無限長であるため中心軸方向にそって一様であることが期待される．つまり，図の x 軸に沿ってどの x の位置でみても同じ磁場となっているはずである．また，中心軸の周りに回転してみても何の変化もないこともわかる．これらの考察から，磁場は中心からの距離だけの関数となることがわかる．さらに，磁場ベクトルは

中心軸に平行であると推定される．以上の考察を踏まえて，アンペールの法則を用いる．

解法

図 22-1 に示すように x 軸を定義し，電流 I を流す．3 つの横の長さが ℓ である長方形 ABCD, EFGH, IJKL についてアンペールの法則を適用する．このとき，ソレノイドの対称性により各長方形の縦方向（x 軸に垂直な方向）では磁場の成分はないので，線積分に対するの寄与はないと考えることができる．

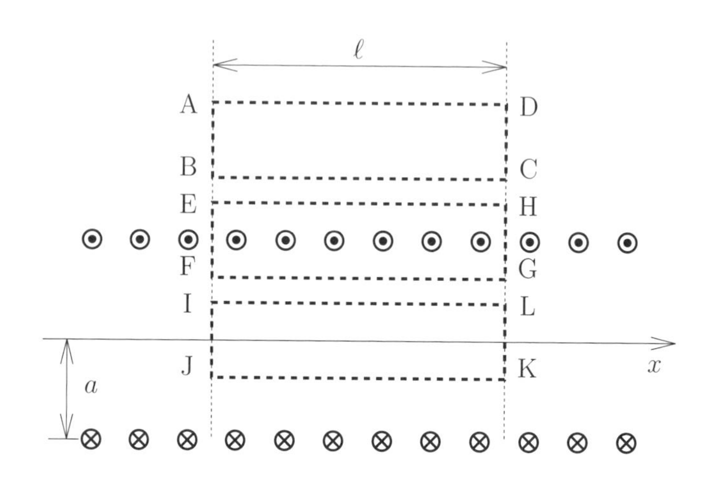

図 22-1: ソレノイドの断面図

- 長方形 ABCD の場合 $\cdots$ AD, BC に沿った磁場の大きさをそれぞれ H_{AD}, H_{BC} とすると，アンペールの法則により，

$$\begin{aligned}\oint_{\mathrm{ABCD}} \vec{H} \cdot d\vec{s} &= H_{\mathrm{BC}} \times \ell + H_{\mathrm{AD}} \times (-\ell) \\ &= (H_{\mathrm{BC}} - H_{\mathrm{AD}})\ell = 0\end{aligned}$$

  となる．したがって，$H_{\mathrm{AD}} = H_{\mathrm{BC}}$ であり，また，長方形の縦の長さは任意であるので，ソレノイドの外の磁場は一定であるといえる．
  無限遠方において磁場の大きさは $H = 0$ になるのだから，ソレノイドの外の磁場は常に $H = 0$ である．したがって，

$$H_{\mathrm{AD}} = H_{\mathrm{BC}} = 0$$

  となる．
- 長方形 IJKL の場合 $\cdots$ 長方形 ABCD でおこなった議論がそのままあてはまる．すなわち，$H_{\mathrm{IL}} = H_{\mathrm{JK}}$ であり，また，長方形の縦の長さは任意であるので，ソレノイ

ド内の磁場は一定であるといえる．

- 長方形EFGHの場合… EH, FGに沿った磁場の大きさをそれぞれ $H_{\rm EH}, H_{\rm FG}$ とすると，アンペールの法則により，

$$\begin{aligned}\oint_{\rm EFGH}\vec{H}\cdot d\vec{s} &= H_{\rm FG}\times\ell + H_{\rm EH}\times(-\ell)\\ &= (H_{\rm FG}-H_{\rm EH})\ell = n\ell I\end{aligned}$$

となる．ところで，長方形ABCDの際に議論したように，ソレノイドの外側においては $H=0$ であるので $H_{\rm EH}=0$ である．したがって，

$$H_{\rm FG} = nI$$

である．

以上の議論により，

$$\begin{aligned}H &= nI \quad \cdots \quad (\text{ソレノイドの内部})\\ &= 0 \quad \cdots \quad (\text{ソレノイドの外部})\end{aligned}$$

となる．

例題22.1終わり

確認と演習の準備 ●●•

- 磁気に慣れる．
  1. 真空中で磁束密度が0.75 Tである磁場の大きさはいくらか．

[5.95×10^5 A/m]

- 電流の作る磁場の計算ができるようになる．
  1. 次の空欄にはいる適当な語句を答えよ．
     2本の平行な導線があり，それらに電流を流す．導線に働く力は電流の流れる方向が同じとき［　　　］で，逆のとき［　　　］である．導線間の距離を r として，個の力の大きさは r の［　　　］乗に比例する．

[引力，斥力，−1]

  2. 2 Tの磁束密度を生み出すソレノイドを使って，同じ条件下で5 Tの磁束密度を生み出すためには，電流を何倍にすればよいか．

[2.5倍]

  3. 長さ50 cm, 総巻き数500, 半径1 cmのソレノイドに0.5 Aの電流が流れている．ソレノイド内部の磁場の大きさを求めよ．

[500 A/m]

演習問題 ●●•

—**A: 基礎編**—

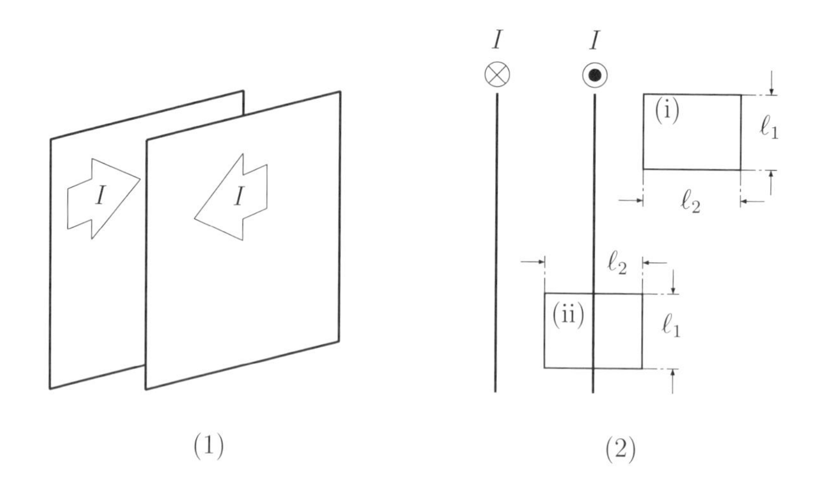

図 22-2: 平行導体板

問 22.1 直線電流による磁束密度を測定している．ある地点で測定した後，直線電流からの距離を倍にしたら測定値は何倍になるか．

問 22.2 真空中において，xy 平面に垂直な 2 本の電線があり，それぞれの電線は xy 平面と点 $(R, 0)$, $(-R, 0)$ で交わっている．また，それぞれ電線にはに電流 I_1, I_2 が同じ方向に流れている．xy 平面上の点 $(a, 0)$ における磁束密度の大きさを求めよ $(-R < a < R)$．ただし，真空の透磁率を μ_0 とする．

問 22.3 0.10 m あたり 1000 巻のソレノイドに 7 A の電流を流すとき，真空の透磁率を $\mu_0 = 1.26 \times 10^{-6}\,\mathrm{N/A^2}$ とすると，内部での磁束密度はいくらになるか．また，ソレノイドの断面積が $1.20 \times 10^{-3}\,\mathrm{m^2}$ とすると，ソレノイド内を通る磁束はいくらか．

— B: 応用編 —

問 22.4 半径 a の円電流 I がある．円の中心 O から垂直方向に距離 z の点を P とする．点 P での磁場は，強さが，

$$H = \frac{a^2 I}{2(\sqrt{a^2 + z^2})^3} \tag{22-5}$$

で，向きが円電流に垂直な方向であることをビオ-サバールの法則により求めよ．

問 22.5 真空中に無限に長い直線電流 I がある．直線電流から距離 x の点に作る磁束密度をビオ-サバールの法則により求めよ．ただし，真空の透磁率を μ_0 とする．

問 22.6 真空中に無限に長い直線電流 I がある．直線電流から距離 x の点に作る磁束密度をアンペールの法則により求めよ．ただし，真空の透磁率を μ_0 とする．

問 22.7 平行で十分な長さを持った導線 A, B が 1 m 間隔で並んでいる．導線 A に 0.5 A，導線 B に 1 [A] の電流を同じ向きに流した場合，導線 A, B それぞれにかかる単位長さあたりの力の大きさはいくらか．

問 22.8 2 枚の無限に広いとみなすことのできる平行導体板があり，この導体の上を，図 22-2(1) にあるような単位幅あたり I の一定の強さの電流が互いに逆向きに流れている．

(1) 磁場の向きはどの方向を向いているか．対称性を考えて答えよ．

(2) 図 22-2(2) は電流に垂直な面を表す図である．(i) の線のような閉曲線についてアンペールの法則を適用し，平板の外の磁場の強さが面からの距離によらないことを説明せよ．

(3) 図 22-2(2) において，(ii) の線のような閉曲面についてアンペールの法則を適用し，平板の間の磁場と平板の外側の磁場の強さの関係を与えよ．

(4) この平板の外および間の空間における磁場を求めよ．

問 22.9 $A_1(0, 0, b)$, $A_2(0, 0, -b)$ を中心とする半径 a の 2 つの円電流がある．この円電流はどちらも同じ強さ I であり，xy 平面に平行である．また，電流 I はどちらも z 軸正方向から見て反時計回りに流れている．

(1) 原点 O(0, 0, 0) での磁場はいくらか．

[ヒント] **(22-5)** 式を利用せよ．

(2) 原点 O 付近で，中心軸（z 軸）に沿って磁場の強さをみるとき，なるべく磁場が一様であるようにするためには，円電流の間隔 $2b$ と円の半径 a の比をいくらにすればよいか．

[ヒント] **(28-30)** 式による近似計算を行う．

なお，このような円電流の対はヘルムホルツ・コイルと呼ばれる．

23 電磁誘導

物理量	記号	単位
電位 (起電力)	V	V (ボルト)
磁束	Φ	Wb(ウェーバ)
インダクタンス	L	H (ヘンリー)

この章では，電流もしくは磁場の変化が比較的ゆっくりで考察の対象が狭い領域内に限られている場合を考える．対象の中の1点で起こった変化が他の点に効果を現すまでの時間的ズレを考慮しなければならないが，電磁場の伝わる速度は光速度であるから，時間的ズレはきわめて小さいため無視することができる．このような短時間内で見れば電流も磁場も定常であるが，この定常状態が順次姿を変えていくと考えてよいような場合を準定常状態という．

§ 23.1 ファラデーの電磁誘導の法則

磁場が変化する場合，以下のことがいえる．

- **ファラデーの法則**
  回路を貫く磁束が時間変化をする場合その時間変化をしている間だけ**誘導起電力** (induced electromotive force) が生じ，発生する誘導起電力の大きさは回路を貫く磁束の変化する速さ（時間変化率）に等しい．
- **レンツの法則**
  誘導起電力が発生する場合，その向きは誘導電流が新しく作り出す磁束がその誘導起電力の原因になった磁束変化を妨げるような向きに生じる．

これらを式に表すと，

$$V = -\frac{d\Phi}{dt} \tag{23-1}$$

V : 回路に生ずる誘導起電力

Φ : 回路を貫く全磁束

となる．ただし，回路の面積を S，面上の磁束密度 $\vec{B}$ の法線成分を B_{n} とした場合，

$$\Phi = B_{\mathrm{n}}S \quad \Rightarrow \quad \Phi = \int B_{\mathrm{n}}\,dS \tag{23-2}$$

である．

§ 23.2　自己インダクタンス

電磁気現象の線形性から，磁束密度 B は電流 I に比例するため，

$$\Phi = LI \tag{23-3}$$

とおくことができる．ここで L はコイルの形，大きさなどによる値となり，**自己インダクタンス** (self-inductance) という．また，コイル内部に磁性体がある場合は，磁性体の透磁率 μ に比例する．

次に，電流が変化する場合を考える．1 つのコイルに流れる電流が変化するとそのコイルを貫く磁束変化するため，誘導起電力が 1 つのコイル内で発生する．この現象を**自己誘導** (self-induction) という．誘導起電力は自己インダクタンスを用いると，

$$V = -\frac{d\Phi}{dt} = -L\frac{dI}{dt} \tag{23-4}$$

と表せる．

§ 23.3　相互誘導

つぎに，コイルが 2 つ (C_1, C_2) ある場合を考える．C_1 に I_1 の電流を流すと，これにより磁束が生じる．この磁束の一部 Φ_{21} は C_2 を通るので，

$$\Phi_{21} = M_{21}I_1 \tag{23-5}$$

と書ける．I_1 が時間変化をすると，C_2 には，

$$V_2 = -M_{21}\frac{dI_1}{dt} \tag{23-6}$$

の誘導起電力が生じ電流 I_2 が流れる．この現象を**相互誘導** (mutual induction) と呼ぶ．また，C_1 のことを一次コイル，C_2 を二次コイルという．ここで，M_{21} は 2 つのコイルの大きさ，配置などの幾何学的な量などによる値であり，**相互インダクタンス** (mutual inductance) と呼ばれる．また，自己インダクタンスと同様にコイル内部に磁性体がある場合は，磁性体の透磁率 μ に比例する．また逆に，C_2 に電流 I_2 を流し時間変化させると，

$$\Phi_{12} = M_{12}I_2 \tag{23-7}$$

$$V_1 = -M_{12}\frac{dI_2}{dt} \tag{23-8}$$

となる．

一般に，

$$M_{12} = M_{21} \tag{23-9}$$

が成立する．

例題 23.1

半径 a の円を底面とする透磁率が μ である円柱に導線を巻き，長さが ℓ である十分に長いソレノイドを作った．ソレノイドの単位長さあたりの巻数は n である．このソレノイドの自己インダクタンス L を求めよ．

考え方

まず，電流の作る磁場を求める．この場合，ソレノイドは十分に長いため，その対称性によりアンペールの法則を用いるのが適当であろう．磁場の値より，磁束密度を得ることができる．その結果，ソレノイドを貫く磁束と電流の関係が得られる．その結果からインダクタンスが求まる．

解法

ソレノイドに電流 I を流したとすると，例題 22.1 よりソレノイドの内部には，

$$B = \mu H = \mu n I$$

の磁束密度が生じる．したがってコイルの円電流 1 つあたりを貫く磁束は，$\mu n I \pi a^2$ である．ソレノイドは $n\ell$ 個の円電流を直列につないだものであるから，ソレノイド全体を貫く磁束 Φ は，

$$\Phi = \mu n I \pi a^2 \times n\ell = \mu \pi n^2 I a^2 \ell$$

となる．したがって，

$$L = \mu \pi n^2 a^2 \ell$$

である．

例題 23.1 終わり

確認と演習の準備●●●

- 次の空欄に入る適当な語句を答えよ．
  1. コイルに磁石を近づけると，コイルを通る［　　　］の量が変化し，コイルに誘導電流が生じるる．この現象を［　　　］と呼ぶ．磁石が近づく場合，誘導電流の作る磁場の向きは，磁石の作る磁場の向きに対して［　　　］である．
  2. コイルに流れる電流を時間的に変化させると，コイルを貫く磁束は電流に比例するので，
$$V = -L\frac{\Delta i}{\Delta t}$$
が成り立つ．このときの比例定数 L を［　　　］という．この値は，コイルの単位長さあたりの巻数 n の［　　　］に比例し，コイルの全長の［　　　］に比例する．

［(a) 磁束密度，電磁誘導，逆向き，
(b)（自己）インダクタンス, 2 乗, 1 乗］

演習問題●●●

—A: 基礎編 —

問 23.1　自己インダクタンスが L であるソレノイドに電流 $I(t) = I_0 \cos(\omega t)$ を流した．このコイルによる起電力を求めよ．

問 23.2　自己インダクタンスが 0.005 H であるソレノイドに電流を流した．2 秒間に 6 A の電流変化を与えたならば，生ずる起電力の大きさはいくらか．

問 23.3　辺の長さがそれぞれ a, b である長方形の閉回路がある．いま，長さが a である辺に平行で，それらに垂直な辺の中点を通るような軸を y 軸とする．z 方向に一様な磁束密度 $\vec{B} = (0, 0, B)$ がある場合，この y 軸を回転軸として，回転軸のまわりに角速度 ω で回転するとき，閉回路に生じる誘導起電力はいくらか．

— B: 応用編 —

問 23.4　[1] x 軸と y 軸に導線を置いた．導線はともに十分に長いものとする．この空間の x, y がともに正である空間に，z 軸正方向を向いた磁束密度が B である一様な磁場が存在する．この x 軸, y 軸上にそれぞれ点 P, Q をとり，PQ を結ぶように十分に長い直線導線を x, y 軸上の導線に接触するように置いた．点 P, Q はそれぞれ速さ v で正方向に動くが，このとき導線もともに動くものとする．また，$t = 0$ において点 P, Q はともに原点 O 上にあるとする．以下の問に答えよ．ただし，時刻については $t \geqq 0$ のみ

[1] 工学院大学 1995 年度入試問題より（改題）．

を考えるものとする．また，こ線 PQ は単位長さあたり ρ の電気抵抗を持つが，x, y 軸上に置いた導線の電気抵抗はそれに比べて十分に小さいため無視できるものとする．

(1) 時刻 t において，回路 OPQO の囲む面積はいくらか．

(2) 回路 OPQO を貫く磁束の単位時間あたりの変化率を求めよ．

(3) 時刻 t に回路に流れる電流の大きさはいくらか．

(4) 時刻 t に導線 PQ が磁場（磁束密度）から受ける力の大きさはいくらか．

(5) 導線 PQ と直線 $y = x$ の交点を R とし，$\overline{OR} = \ell$ とする．時刻 t における ℓ の大きさはいくらか．

(6) 導線 PQ を点 O の位置から，$\ell = L$ になるまで一定の速さで移動した際の仕事を求めよ．

この仕事は，この間に回路から発生したジュール熱に等しい．

問 23.5 [2] 図 23-1 のように水平面を xy とし，鉛直上方を z 軸とする．この空間には一様で，ある方向を向いている強さ B の磁束密度がある．図の ACDE は抵抗のない「コ」の字形の導線である．C, D では直角に曲がっており，$\overline{\mathrm{CD}} = \ell$ である．AC, ED は x 軸に垂直である．ACDE は平面をなし，水平面との間の角度は θ である．まっすぐな質量 m の抵抗線 FG は導線 ACDE に接触し，CD に対して平行を保ちながら，摩擦なしに動く．FG の長さ ℓ の部分の電気抵抗は R である．重力加速度は g とする．

(1) $B = 0$ のとき，y 方向に大きさ F_y の力を加えて FG を静止させた．F_y を求めよ．

(2) 磁束密度ベクトルが鉛直上向きであり，FG が大きさ v の一定速度で運動していたとする．このとき，ACDE と FG が作る回路に生じる起電力の大きさを求めよ．

(3) （2）の場合に磁束密度の大きさ B を求めよ．

(4) （2）のように抵抗線 FG が一定速度で運動するとする．このときの磁束密度の大きさ B は磁束密度ベクトルの向きに依存する．もっとも小さな B となる場合の $\vec{B}$ の向きを答えよ．

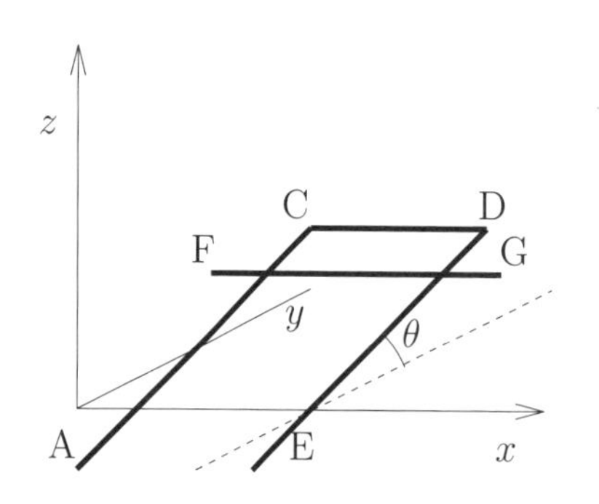

図 23-1: コの字型の導線と滑る抵抗線

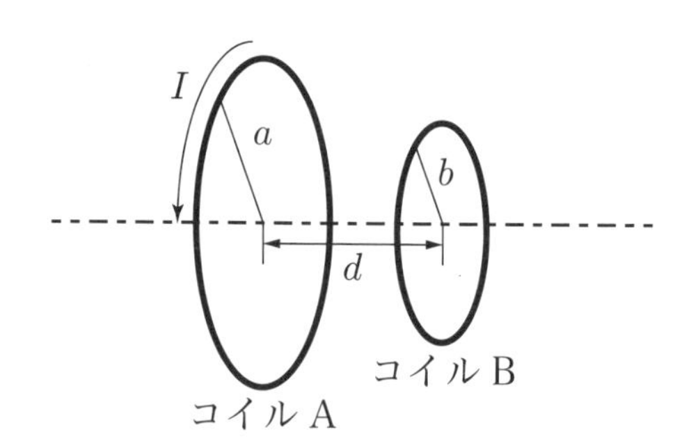

図 23-2: 共通中心軸を持つ 2 つのコイル

問 23.6 半径が a, b $(a > b)$ である 2 つの 1 巻コイル A, B が共通の中心軸をもち，距離 d だけ隔てておかれている（図 23-2）．2 つのコイルは真空中におかれている．コイル

[2] 工学院大学 1997 年度入試問題より．

A に電流 $I = I_0 \sin(\omega t)$ が図の方向に流れたとして，以下の問に答えよ．ただし，a が十分に小さいため，小さなコイルを貫く磁束密度は (22-5) 式での値で一様であると考えることができるものとする．また，d も十分小さいため，2 つのコイル間の時間のずれ（信号の伝達時間）もまた無視できるものとする．真空の透磁率は μ_0 とせよ．

(1) コイル B を貫く磁束を求めよ．

(2) コイル B に生じた誘導起電力の大きさを求めよ．

問 23.7 十分に長い空芯（中空の）ソレノイドコイル（長さ ℓ，断面積 S_1，単位長さあたりの巻数 n_1）と，十分に長い鉄心[3] ソレノイドコイル（長さ ℓ，断面積 S_2，単位長さあたりの巻数 n_2）がある．ただし，$S_1 > S_2$ であり，鉄の透磁率を μ とする．

空芯コイルの中に鉄心コイルを中心軸が一致するように置いた．このときの相互インダクタンスを求めよ．

[ヒント] L_{12} と L_{21} は等しいので，どちらか計算しやすい方を求めた方がよい．この場合どちらが容易か?

問 23.8 2 つのコイル，コイル 1，コイル 2 がある．それぞれの自己インダクタンスを L_1，L_2 とし，相互インダクタンスを M とした場合，

$$k^2 L_1 L_2 = M^2 \qquad (0 < k < 1) \tag{23-10}$$

の関係がある．ここで，k は結合定数と呼ばれ，2 つのコイルの結合の程度を表す．

(1) (23-10) 式を証明せよ．

(2) 問 23.7 において k の値を求めよ．

この関係は, 任意の 2 つの回路がある場合に成り立つ．

[3]内部に鉄が入っている．

24 荷電粒子の運動

物理量	記号	単位
電場	$\vec{E}$	[V/m]
磁束密度	$\vec{B}$	[T]
電荷	q	[C]
力	$\vec{F}$	[N]

§ 24.1　電磁場の中の荷電粒子

電場 $\vec{E}$ 中にある電荷 q の荷電粒子は，(19-1) 式にもあるように，

$$\vec{F} = q\vec{E} \tag{24-1}$$

の力を受ける．

磁場中で運動する荷電粒子に対して磁場は力をおよぼす．いま，磁束密度 $\vec{B}$ の中を電荷 q の荷電粒子が速度 $\vec{v}$ で運動しているとする．このとき，荷電粒子が磁場から受ける力 $\vec{F}$ は，

$$\vec{F} = q\vec{v} \times \vec{B} \tag{24-2}$$

で表される．

したがって，(24-1) 式と (24-2) 式より，電場 $\vec{E}$ と磁束密度 $\vec{B}$ が同時に存在する場合，荷電粒子は，

$$\vec{F} = q(\vec{E} + \vec{v} \times \vec{B}) \tag{24-3}$$

の力を受けることになる．これらを一般に**ローレンツ力** (Lorentz force) と呼ぶ．

§ 24.2　一定の場の中での荷電粒子の運動

電場が一定であれば，力（(24-1) 式）も一定なので，荷電粒子は等加速度運動を行う．

磁場が一定であり荷電粒子の初速度が磁場に対して垂直であれば，荷電粒子は磁場に垂直な面内で等速円運動を行う．一様な磁束密度 $\vec{B}$ 中において，質量，電荷，速さがそれぞれ m, q, v である荷電粒子が運動するとき，円運動の半径 r，振動数 f は，

$$r = \frac{mv}{qB}, \qquad f = \frac{qB}{2\pi m} \tag{24-4}$$

となる．この運動を**サイクロトロン運動** (cyclotron motion), 振動数を**サイクロトロン振動数**という．

速度ベクトルが磁場に対して垂直でない場合はらせん運動となる．また, 磁場と電場が双方ある場合はもっと複雑な軌道となる（$\rightarrow$ 問 24.3）．

例題 24.1

半径が $R = 0.1\,\mathrm{m}$ である円を底面とする中空の円柱がある．この円柱が，その中心軸に対して平行な向きを持つ磁束密度 $|\vec{B}| = 10^{-3}\,\mathrm{T}$ の磁場のなかにあるとして次の問に答えよ．ただし，電子の電荷と質量をそれぞれ $-e = -1.6 \times 10^{-19}\,\mathrm{C}$, $m_e = 9.1 \times 10^{-31}\,\mathrm{kg}$ とする．

(1) 磁束密度 $|\vec{B}|$ での電子のサイクロトロン振動数はいくらか.

(2) 円柱の中心より磁束密度に対して垂直な方向に電子を速さ v で発射した．電子が円柱から出るためには v をいくらにする必要がるか.

考え方

サイクロトロン運動について，その特徴を理解する必要がある．すなわち，磁束密度，速度が一定であれば半径が,

$$r = \frac{mv}{qB}$$

の等速円運動となり，サイクロトロン振動数は,

$$f = \frac{qB}{2\pi m}$$

である.

解法

(1) (24-4) 式より,

$$f = \frac{eB}{2\pi m_e}$$

となる.

(2) 強さが B である磁束密度のなかで電荷，質量，速さが q, m, v である荷電粒子の軌跡の半径 r は (24-4) 式よりえられるのだから，$2r$ が円柱 R の半径より大きければ円柱から飛び出すことになる.

つまり,

$$2r = 2\frac{m_e v}{eB} > R$$

であればよい．したがって,

$$v > \frac{eB}{2m_e}R = \frac{(1.6 \times 10^{-19}) \times 10^{-3}}{2 \times (9.1 \times 10^{-31})} \times 0.1 = 8.79 \times 10^6\,\mathrm{m/s}$$

であればよい.

例題 24.1 終わり

確認と演習の準備

- 電子の質量は 9.1×10^{-31} kg，電荷は -1.6×10^{-19} C である．静止している電子を 25 V の電位差で加速したときの電子の速さを求めよ．

[2.9×10^{6} m/s]

- 速さが 3.0×10^{6} m/s である電子を一様な 8.0×10^{-2} T の磁束密度の磁場に磁場の方向に対して垂直に入射させた．どのような運動を行うか．

[半径が 2.1×10^{-4} m の円運動を行う]

演習問題

=-= 注 =-= この章の練習問題では，重力の影響は無視できるものとする．

問 24.1 電子がある空間内を直進していた場合，この空間には磁場が存在しないといえるか．

問 24.2 一様な磁束密度 $\vec{B} = (0, 0, B)$ のなかへ初速度が $v = (v_x, 0, v_z)$ である電子を入射した．どのような運動するかを答えよ．電子の質量，電荷を m_e, $-e$ とする．ただし，電場は存在しないものとする．

問 24.3 (1) 一様な電場 $\vec{E} = (0, E, 0)$ のなかに $t = 0$ において原点 $(0, 0, 0)$ に静止している電荷 q，質量 m である荷電粒子の時間 t における速度と位置を求めよ．

(2) 一様な磁束密度 $\vec{B} = (B, 0, 0)$ のなかに $t = 0$ において位置が原点 $(0, 0, 0)$，速度が $\vec{v} = (0, v, 0)$ である電荷 q，質量 m である荷電粒子の時間 t における速度と位置を求めよ．

(3) 一様な電場 $\vec{E} = (0, E, 0)$ と磁束密度 $\vec{B} = (B, 0, 0)$ のなかに $t = 0$ において原点 $(0, 0, 0)$ に静止している電荷 q，質量 m である荷電粒子がどのような運動を行うかを述べよ．

問 24.4 原子核を加速させる装置の 1 つにサイクロトロンがある．図 24-1 はその概念図である．サイクロトロンの原理はこうである．一様な磁束密度 $\vec{B}$ のなかに磁束密度が垂直な向きになるように 2 つの半円形電極をおき，その電極間にサイクロトロン振動数の高周波電場をかける．この電場によってイオン源 S から原子核イオンが引き出され，加速された後 D 字型電極に入射する．電極内では速さ一定のまま等速円運動を行う．再び電極を飛び出した原子核イオンは電極間の電場によって加速され，反対側の電極に入射する．このような加速と，等速円運動（半径は加速されるにしたがって大きくなっていく）を繰り返すことにより原子核イオンは大きな運動エネルギーを獲得し，ビームとして引き出される．磁束密度の大きさを $B = 1.0$ T，半円形電極の半径を 0.5 m，電極間の加速電圧を 70 kV として次の問に答えよ．ただし，電極間を通過する

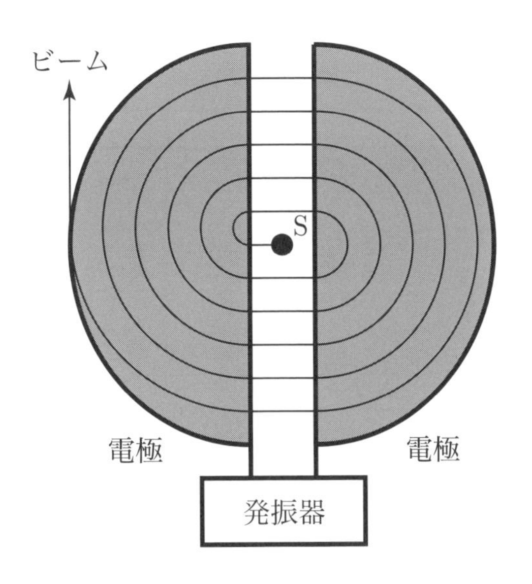

図 24-1: サイクロトロンの概念図

時間は他の運動に対して無視することができ，また，電極間の距離も無限小とみなす．

(1) このサイクロトロンで陽子を加速するときの発振器の振動数 f を求めよ．ただし，陽子の電荷，質量をそれぞれ $e = 1.6 \times 10^{-19}\,\mathrm{C}$, $m_p = 1.67 \times 10^{-27}\,\mathrm{kg}$ とする．

(2) 一回の加速によって陽子が得るエネルギーはいくらか．

(3) 加速された陽子が電極を飛び出すときの運動エネルギーはいくらか．ただし，陽子が飛び出すときの円運動の半径は半円形電極のそれと等しいとせよ．陽子は何回加速されたことになるか．

(4) 陽子がイオン源を出てからサイクロトロンを出るまでの時間はいくらか．

25 電気回路–1

演習のねらい

- 電気抵抗の合成計算ができるようになる．

物理量	記号	単位
電位差 (電圧)	V	[V] (ボルト)
電流	I	[A] (アンペア)
電気抵抗	R	[Ω] (オーム)
電力	P	[W](ワット)

この節と次の節での議論は線形素子に限定する．整流器（ダイオード）やトランジスタなどの非線形素子については別に学ぶのが適当である．

回路図は実在の回路のモデルに過ぎない．実際には，今まで学んだ電磁気学の知識を動員して問題を解決しなくてはいけない場合もあることを注意しておく．

§ 25.1　電流

電荷の流れを**電流** (electric current) という．導線の直断面を通って時間 Δt の間に Δq の電荷量が運ばれるとき，

$$I = \lim_{\Delta t \to 0} \frac{\Delta q}{\Delta t} = \frac{dq}{dt}$$

を電流の大きさという．

§ 25.2　オームの法則

定常電流では，電圧 V と電流 I は比例する．これを，

$$V = RI \tag{25-1}$$

と表すとき，これらの関係を**オームの法則** (Ohm law) といい，R を**電気抵抗** (electric resistance) という．

§ 25.3　電流の仕事率

電位差 ΔV を点電荷 q が移動するのに必要なエネルギーは $\Delta W = q\Delta V$ である．これは $V = 0$ を基準とした**ポテンシャルエネルギー** (potential energy) と等しい．したがって，時間 Δt あたりのエネルギーの変化量 P は,

$$
\begin{aligned}
P &= \lim_{\Delta t \to 0} \frac{\Delta W}{\Delta t} \\
&= \lim_{\Delta t \to 0} V \frac{\Delta q}{\Delta t} = V \frac{dq}{dt} = VI
\end{aligned}
\tag{25-2}
$$

となる．この P を電流の**仕事率** (power) または**電力** (electric power) という．

§ 25.4　キルヒホッフの法則

(1) **電流の保存**
　回路の任意の点において, 流入する電流の和は流出する電流の和に等しい．

(2) **電位の一意性**
　回路の任意の 2 点について，その間の電位の差は経路によらず一定である．この 2 点を同一の点とすれば,「任意の閉じた経路に沿って各部分の電位差を合計すれば 0 となる」と述べることもできる．なお，電源などの起電力を与えるものがあれば，それも加算する．

キルヒホッフの法則 (Kirchhoff laws) を使えば任意の抵抗を組み合わせた回路を解くことができる．方針はおおよそ以下の通りである．ただし，ここで解説する方法は，どんな場合でも解けることを証明することに主眼がある．実際の場合は，工夫することによりもっと簡単に解ける場合も多い．

回路の環状に閉じた部分をループと呼ぶ．

- **ループのないとき**
  電流の保存（第 1 法則）だけですべての電流が計算でき，それから電位差が決まる．
- **回路に独立な L 個のループのあるとき**
  回路をいくつかの線が結合されたグラフとみなすと，独立なループの数は,

$$
L = r - v - e + 1 \tag{25-3}
$$

  である．ここで，v は頂点の数，r は線の数，e は外部端の数である．

  (1) 独立なループから，それに属する電流を 1 つずつ選び $I_1, I_2, \cdots, I_L$ とする．第 1 法則を利用して，残りの電流を外部からの電流とこれらの電流で表す．
  (2) それぞれのループに対して，電位の一意性（第 2 法則）からループを 1 周したときの電圧降下が 0 という式を書く．
  (3) 前項で得られた L 個の式を L 元連立方程式として解くことにより $I_1, I_2, \cdots, I_L$ が決まる．
  (4) ステップ 2 で作った式を使えば，前項で得られた電流から他の電流がすべて決

まる．電流が決まればオームの法則から電位差が決まる．よって，以上で回路の各部分の電流や電圧がすべて決定された．

例題 25.1

図 25-1 のブリッジ回路で抵抗 R_5 を流れる電流を I, R_0, R_1, R_2, R_3, R_4 を用いて表せ．

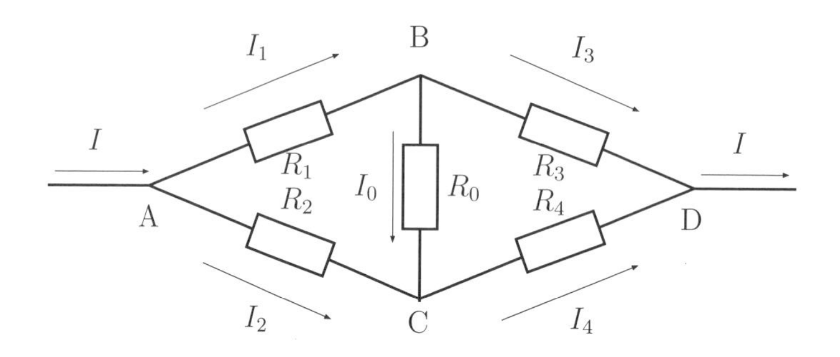

図 25-1: ブリッジ回路

考え方

キルヒホッフの法則を適用して解けばよい．法則の適用の仕方は以下のようにする．

第 1 法則から得られるのは以下のような関係式である．

$$
\begin{array}{lrcl}
\text{A 点} & I & = & I_1 + I_2 \\
\text{B 点} & I_1 & = & I_3 + I_0 \\
\text{C 点} & I_2 + I_0 & = & I_4 \\
\text{D 点} & I_3 + I_4 & = & I
\end{array}
$$

また第 2 法則から以下の関係式が出てくる．

$$
\begin{aligned}
\mathrm{A} \to \mathrm{B} \to \mathrm{D} &= \mathrm{A} \to \mathrm{C} \to \mathrm{D} \\
I_1R_1 + I_3R_3 &= I_2R_2 + I_4R_4 \\
\\
\mathrm{A} \to \mathrm{B} \to \mathrm{C} \to \mathrm{A} &= 0 \\
I_1R_1 + I_0R_0 + (-I_2R_2) &= 0 \\
\\
\cdots &\quad \cdots \\
\cdots &\quad \cdots
\end{aligned}
$$

これらをうまく組み合わせて解けばよい（全部を使う必要はない）．

解法

この回路は2つのループがある．独立な電流として I_1, I_3 を選ぶことにする（**注意:他の選択も可能である**）．すると，それ以外の電流は第1法則から次のように決まる．

$$\begin{cases} I_2 = & I - I_1 \\ I_4 = & I - I_3 \\ I_0 = & I_1 - I_3 \end{cases} \tag{25-4}$$

次に第2法則から以下を得る．

$$\begin{cases} \text{ループ A} \to \text{B} \to \text{C} \to \text{A} & I_1R_1 + I_0R_0 + (-I_2R_2) = 0 \\ \text{ループ B} \to \text{D} \to \text{C} \to \text{B} & I_3R_3 + (-I_4R_4) + (-I_0R_0) = 0 \end{cases}$$

上の式に (25-4) 式を代入すると，

$$\begin{cases} I_1R_1 + (I_1 - I_3)R_0 + \{-(I - I_1)\}R_2 = 0 \\ I_3R_3 + \{-(I - I_3)\}R_4 + \{-(I_1 - I_3)\}R_0 = 0 \end{cases}$$

この連立方程式を解くことにより，I_1, I_3 が決まる．

$$\begin{cases} I_1 = \dfrac{R_2(R_3 + R_4 + R_0) + R_4R_0}{(R_1 + R_2)(R_3 + R_4) + (R_1 + R_2 + R_3 + R_4)R_0} I \\ \\ I_3 = \dfrac{R_4(R_1 + R_2 + R_0) + R_2R_0}{(R_1 + R_2)(R_3 + R_4) + (R_1 + R_2 + R_3 + R_4)R_0} I \end{cases} \tag{25-5}$$

そして，(25-4) 式から I_0, I_2, I_4 も得られる．I_0 は次のようになる．

$$I_0 = \frac{R_2R_3 - R_1R_4}{(R_1 + R_2)(R_3 + R_4) + (R_1 + R_2 + R_3 + R_4)R_0} I$$

例題 25.1 終わり

確認と演習の準備 ●●●

- 電気抵抗の合成計算ができるようになる．

  1. 抵抗 R_1 と R_2 が直列，並列に接続されているときの合成抵抗はいくらか．
  [直列 $\cdots R_1 + R_2$, 並列 $\cdots (R_1R_2)/(R_1 + R_2)$]

  2. 抵抗 R_1, R_2, R_3 が直列，並列に接続されているときの合成抵抗はいくらか．
  [直列 $\cdots R_1 + R_2 + R_3$, 並列 $\cdots (R_1R_2R_3)/(R_2R_3 + R_3R_1 + R_1R_2)$]

  3. 抵抗 $R_1, R_2, \cdots, R_n$ が直列，並列に接続されているときの合成抵抗はいくらか．
  [直列 $\cdots R_1 + R_2 + \cdots + R_n$, 並列 $\cdots (1/R) = (1/R_1) + (1/R_2) + \cdots + (1/R_n)$]

  4. 次の空欄にはいる適当な語句を答えよ．
  ある測定試料の電気抵抗を電流計と電圧計で測定する場合，電流計は試料に対して□に，電圧計は□に接続しなければならない．
  [直列，並列]

5. 次の空欄にはいる適当な語句，数値を答えよ．
電力は電流と[ ]の積である．100 V, 100 W の電球に流れる電流は[ ]A であり，電球の電気抵抗は[ ]Ωである．

[電圧, 1 A, 100 Ω]

演習問題 ●●● —A: 基礎編 —

問 25.1 断面が半径 r の円である長さ ℓ の針金がある．この針金の電気抵抗が R であるとき，長さが 2 倍，半径が 1/2 倍の同じ抵抗率をもつ針金の電気抵抗はいくらか．

問 25.2 抵抗値がそれぞれ R, $2R$, $3R$ である電気抵抗がある．この 3 個の電気抵抗を導線によって接続することにより合成抵抗を作った場合，合成抵抗の最大値 R_{max} と最小値 R_{min} を求めよ．

問 25.3 内部抵抗のある電池に 2.5 Ω の電気抵抗をつないだとき，3.0 A の電流が流れた．電気抵抗を 4.5 Ω のものに取り替えると 2.0 A の電流が流れた．この電池の起電力 E と内部抵抗 r はいくらか．

問 25.4 例題 25.1 で独立な電流を I_1, I_4 として同様に解き，I_0 を求めよ．

問 25.5 立方体の辺をなすように接続された 12 個の抵抗がある．これらの電気抵抗はすべて同一の値 R である．いま，立方体の中心を通る対角線をなす 2 頂点 A, B の間に電位差 V を与えた．

(1) A, B 以外の 6 個の頂点で，お互いに電位が等しいのはどの頂点か．図を描いて答えよ．

(2) 頂点 A に流入する電流を求めよ．

問 25.6 抵抗 25 Ω のニクロム線に 2 A の電流を 1 分間流した．抵抗の両端の間の電位差はいくらか．また，この間，抵抗から生じた熱はいくらか．

— B: 応用編 —

問 25.7 [1]同じ大きさの電気抵抗を直列，並列に接続した場合に回路に流れる電流を測定する実験を行った．直流電源の電圧を V，電気抵抗の大きさを R，電流計の内部抵抗を r として，以下の問に答えよ．ただし，直流電源の内部抵抗および導線の抵抗は無視する。

図 25-2(a) では n 個の電気抵抗が直列に接続され，(b) では n 個の電気抵抗が並列に接続されている．

(1) 図 25-2(a) において $r=0$ と仮定した場合，合成抵抗の大きさ，回路を流れる電流

[1]工学院大学 2008 年度入試問題より

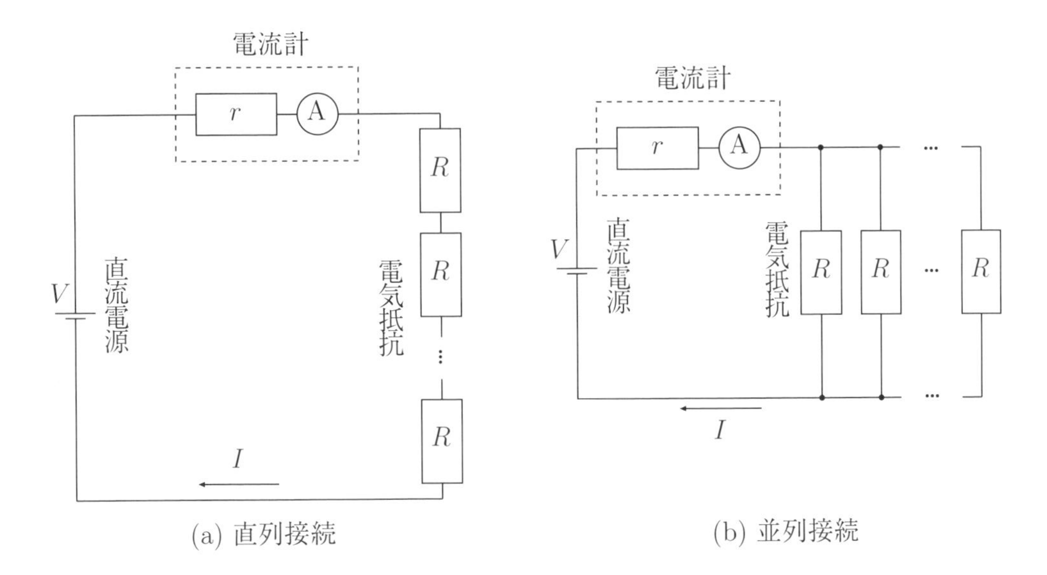

図 25-2: 合成抵抗の例

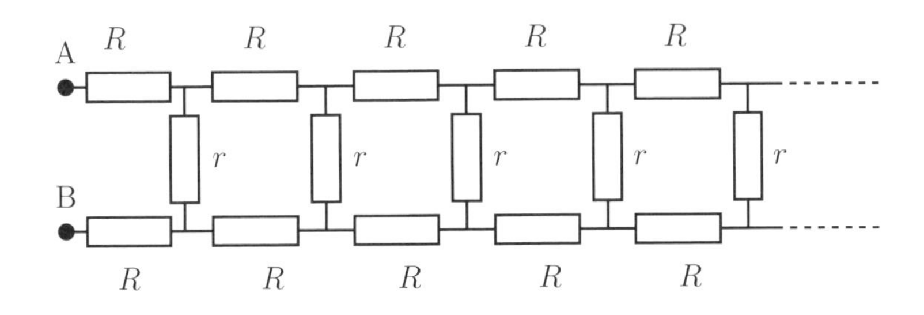

図 25-3: はしご型電気抵抗回路

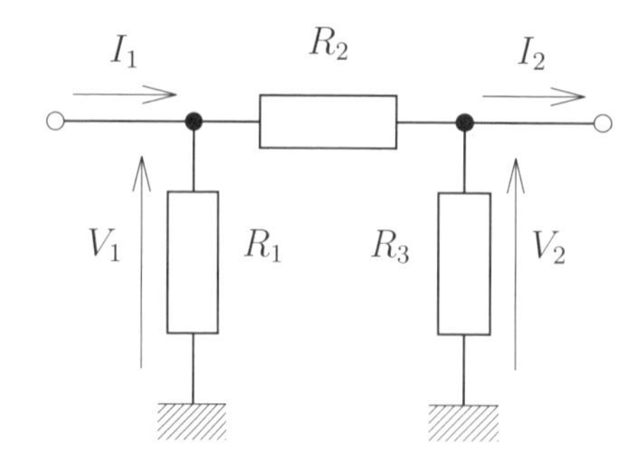

図 25-4: 接地のある電気抵抗回路

I の大きさ，1 個の電気抵抗が消費する電力を求めよ．

(2) 図 25-2(b) において $r = 0$ と仮定した場合，合成抵抗の大きさ，回路を流れる電流 I の大きさ，1 個の電気抵抗が消費する電力を求めよ．

(3) 図 25-2(a) において，$r \neq 0$ の場合，回路を流れる電流 I の大きさ，1 個の電気抵抗が消費する電力を求めよ．

(4) 図 25-2(b) において，$r \neq 0$ の場合，回路を流れる電流 I の大きさ，1 個の電気抵抗が消費する電力を求めよ．

問 25.8　図 25-3 のようにはしご型に抵抗が組み合わされている.「上下」の抵抗はすべて R で,「タテ」の部分の抵抗がすべて r である．この回路の点 A と点 B の間の電気抵抗を考察する（「AB 間の電気抵抗」とは，AB 間に電位差 V を与えて，A から電流 I が流入したときの，V/I のことである）．

(1) はしごが 1 段のときに，AB 間の電気抵抗を求めよ．

(2) はしごが 2 段のときに，AB 間の電気抵抗を求めよ．

(3) はしごが n 段のときの，AB 間の電気抵抗を R_n とする．R_n と R_{n+1} の間の関係を求めよ．

(4) はしごが無限に連なっているときの，AB 間の電気抵抗を求めよ．

問 25.9　図 25-4 について考える．

(1) R_1 を流れる電流を I とする．I を I_1, I_2, R_1, R_2, R_3 で表せ．

(2) 次の行列の係数 R_{ij} を求めよ．

$$\begin{pmatrix} V_1 \\ V_2 \end{pmatrix} = \begin{pmatrix} R_{11} & R_{12} \\ R_{21} & R_{22} \end{pmatrix} \begin{pmatrix} I_1 \\ I_2 \end{pmatrix}$$

問 25.10　図 25-5 にある回路はそれぞれ，(a) Δ 接続，(b) Y 接続と呼ばれる．この 2 つの接続について考える．ただし，ここでは $I_1 + I_2 + I_3 = 0$ の関係が成り立っている．

(1) R_1 を流れる電流を I とする．ループを 1 周すると電位差が 0 となることから I を求めよ．

(2) (a) と (b) の等価関係が成立するように抵抗 r_1, r_2, r_3 を決めたい．このため端子間の電位差が一致する必要がある．次の式の空欄をうめよ．

(3) 前項の関係式が任意の電流について成立しなくてはいけない．電流の保存則から I_3 を消去し，関係式を I_1, I_2 に関する恒等式とみなして r_1, r_2, r_3 を決定せよ．

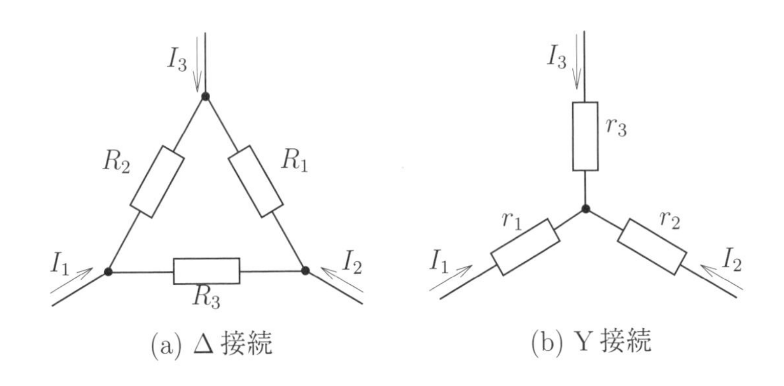

(a) Δ 接続　　(b) Y 接続

図 25-5: 電気抵抗の接続

26 電気回路—2

物理量	記号		単位	
電気容量	C		[F]	（ファラド）
インダクタンス	L		[H]	（ヘンリー）
インピーダンス	Z		[Ω]	（オーム）
リアクタンス	X		[Ω]	（オーム）
アドミッタンス	Y		$[\Omega^{-1}]$	
コンダクタンス	G		$[\Omega^{-1}]$	
サセプタンス	B		$[\Omega^{-1}]$	
位相のずれ	ϕ		[rad]	
周波数（振動数）	f		[Hz]	（ヘルツ）
角周波数（角振動数）	ω	$= 2\pi f$	[rad/s]	

この節ではコンデンサーやコイルを含む回路を考える．直流の場合はコンデンサーは絶縁物であり，コイルは単なる導線である．したがって，時間的に変化する電流を考察する．

§ 26.1　基本的関係式

$$\text{電流} \qquad I = \frac{dQ}{dt} \tag{26-1}$$

$$\text{コンデンサー} \qquad Q = CV \quad \Rightarrow \quad I = C\frac{dV}{dt} \tag{26-2}$$

$$\text{コイル} \qquad \varPhi = LI \quad \Rightarrow \quad -V(\text{起電力}) = V = L\frac{dI}{dt} \tag{26-3}$$

このインダクタンス L は**自己インダクタンス** (self-inductance) である．コイルが複数あったときの，相互の磁気的結合を表す量は相互インダクタンスと呼ばれる（→ 第 23 章）．

§ 26.2　交流

角周波数 (angular frequency) ω の電圧が回路に加わっているとする．

$$V(t) = V_0 \cos(\omega t) \tag{26-4}$$

このときの回路を流れる電流を,

$$I(t) = I_0 \cos(\omega t - \phi) \tag{26-5}$$

と表す.

このようなとき計算の技法として複素数を使うと見通しがよくなる.計算の途中を複素数で行い,最後の結果になおすときに実数部分を取り出すのである.公式,

$$e^{ix} = \cos x + i \sin x \tag{26-6}$$

により電圧,電流は,

$$V = V_\omega e^{i\omega t}, \quad I = I_\omega e^{i\omega t} \tag{26-7}$$

と表される.V_ω, I_ω は複素数と考える.決定すべきものは,I_ω と V_ω の関係である.両者の絶対値の比がインピーダンス Z であり,両者の位相の差が ϕ である.

$$V_\omega = Z e^{i\phi} I_\omega \tag{26-8}$$

(25-1) 式,(26-2) 式,(26-3) 式に (26-8) 式を代入すると,次のようになる.

$$\begin{cases} \text{抵抗:} & V_\omega = R I_\omega \\ \text{コンデンサー:} & V_\omega = \dfrac{1}{i\omega C} I_\omega \\ \text{コイル:} & V_\omega = i\omega L I_\omega \end{cases} \tag{26-9}$$

ここで,$1/\omega C, \omega L$ をコンデンサー,コイルの**リアクタンス** (reactance) と呼ぶ.

このようにして抵抗の概念を複素数に拡張することにより,これらの素子はすべてオームの法則と同じ形の関係式((26-9) 式)となる.したがって,キルヒホッフの法則を抵抗回路の場合と同様に適用すれば,任意の回路が解ける.

例題 26.1

抵抗 R,コンデンサー C,コイル L を直列につないだ回路に周波数 f の交流電源を接続した.電流と電圧の関係を求めよ.

考え方

3つの抵抗 R_1, R_2, R_3 を直列につないだ場合の電圧 V と電流 I の関係式は,

$$V = (R_1 + R_2 + R_3) I$$

である.今の場合,これらの抵抗が複素数になったと考えればよい.

解法

$$V_\omega = \left(R + \frac{1}{i\omega C} + i\omega L \right) I_\omega \qquad (\omega = 2\pi f) \tag{26-10}$$

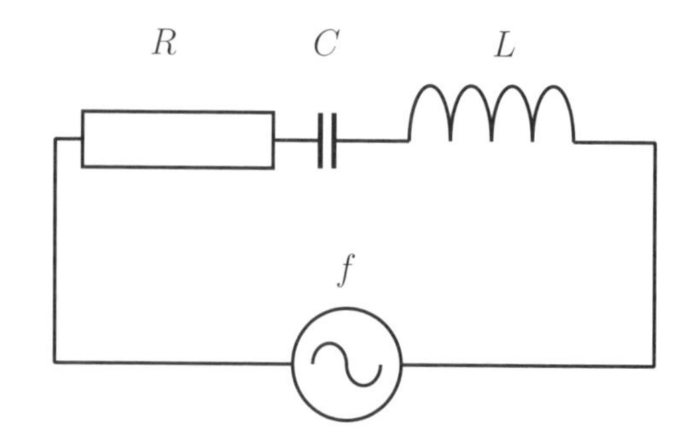

図 26-1: RCL 直列回路

であるので,

$$V_\omega = Ze^{-i\phi} I_\omega$$

$$Z = \sqrt{R^2 + \left(\omega L - \frac{1}{\omega C}\right)^2} \tag{26-11}$$

$$\tan\phi = \frac{\omega L - \dfrac{1}{\omega C}}{R}$$

を得る.

例題 26.1 終わり

演習問題 ●●●

問 26.1　抵抗 R, コンデンサー C, コイル L を並列につないだ回路に周波数 f の交流電源を接続した. 電流 I と電圧 V の関係を求めよ.

問 26.2　例題 26.1 の RCL 直列回路で R, L の値を固定して C を変化させた. 電源電圧が一定の時電流が最大となるための条件を答えよ (共振現象).

問 26.3　電圧と電流が (26-4) 式および (26-5) 式のとき電力の時間平均 $\langle P\rangle$ が,

$$\langle P\rangle = \frac{1}{2} V_0 I_0 \cos\phi$$

となることを示せ.

問 26.4　容量 C のコンデンサーとスイッチ, 電池が直列に接続された回路がある. 電池の起電力は V_0 で, 内部抵抗は R である. スイッチは開いており, コンデンサーは帯電していない. ここで $t = 0$ にスイッチを閉じたとき, この回路に流れる電流 $I(t)$ の時間変化はどのようになるか, (26-2) 式を利用して答えよ.

問 26.5　図のようにはしご型に抵抗, コンデンサーが組み合わされている. 抵抗はすべて R で,「タテ」の部分のコンデンサーの電気容量はすべて C である. 角振動数 ω の交流を流すとき，この回路の点Aと点Bの間のインピーダンスを考察する．ただし，「AB間のインピーダンス」とは，AB間に電位差Vを与えて，Aから電流Iが流入したときの，V/Iの絶対値のことである．

(1) はしごが1段のときに，AB間のインピーダンスを求めよ．

(2) はしごが2段のときに，AB間のインピーダンスを求めよ．

(3) はしごがn段のときの，AB間のインピーダンスをR_nとする．R_nとR_{n+1}の間の関係を求めよ．

(4) はしごが無限に連なっているときの，AB間のインピーダンスを求めよ．

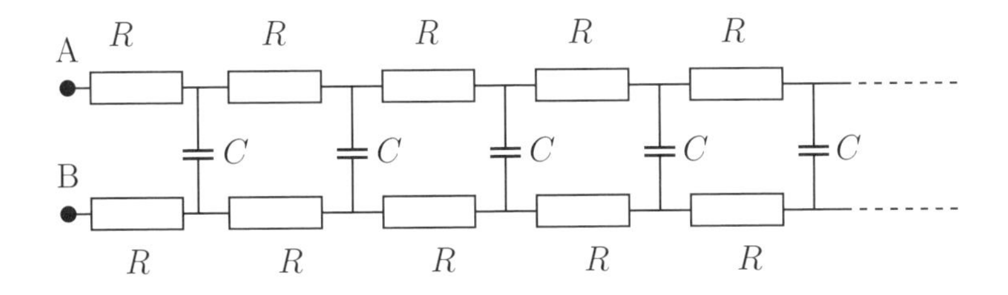

図 26-2: RCによるはしご状回路

27 相対性理論

物理量	記号	単位
時間	t	[s]
座標	x	[m]
速度	v	[m/s]
光速度	c	$= 3.0 \times 10^8$ [m/s]
エネルギー	E	[J]
運動量	p	[kg · m/s]
質量	m	[kg]

ニュートン力学 (Newtonian mechanics) とアインシュタインの相対論とのずれは v/c あるいは $(v/c)^2$ 程度の量である．c が大きいので，ボールの運動やガソリンエンジンの動作を理解するにはニュートン力学で十分である．しかし，速度の大きい（したがって高エネルギー現象の）領域の現象を正しく理解するためには**相対性理論** (theory of relativity) によらなくてはいけない．

相対性理論の結論はしばしば「日常的常識」からかけはなれたものとなることがある．しかし，本節の例題や問題で得られた結論はすべて実験的に確認されている．この意味で相対性理論は正しいのである．

§ 27.1　時間と位置

絶対的な時間や空間というものは存在しない．したがって，考えている系ごとに時間変数を準備しなくてはいけない．もちろん，系と系の間の関係は以下のようにきちんとわかっているので，ものごとがわからなくなったりすることはない．

ある座標系とそれに対して相対的に速度 V で運動している座標系を考える．この2つの座標系は互いに同等であるが，議論の都合上，静止系と運動系と呼ぶことにする[1]．静止系の位置と時間を x, t で，運動系の位置と時間を x', t' で表す．簡単のため，時刻 $t = t' = 0$

[1]逆に呼んでも差し支えないし，それぞれが何かに対して $V/2$, $-V/2$ で運動していることにしてもよい．

で両者の座標の原点が同じ位置にあったとする[2]．両者の間には次の関係が成り立つ．

$$\begin{cases} x' = \gamma(x - \beta ct) \\ ct' = \gamma(ct - \beta x) \end{cases} \tag{27-1}$$

これを**ローレンツ変換** (Lorentz transformation) と呼ぶ．ここで β, γ は次の式で定義される．

$$\beta = \frac{V}{c}, \qquad \gamma = \frac{1}{\sqrt{1-\beta^2}} \tag{27-2}$$

「4 次元的距離」（の 2 乗）が，

$$x^2 - (ct)^2 = x'^2 - (ct')^2 \tag{27-3}$$

と，不変であることに注意するように．

例題 27.1

静止系に対してある乗り物が一定速度 V で動いている．時刻 $t = 0$ に $x = 0$ をその乗り物が通り過ぎたのだが，乗り物の中の時計はこの瞬間やはり $t' = 0$ であった．その後，乗り物は，静止系から見て，時刻 $t = T$ に $x = L$ の地点 P を通り過ぎた．乗り物の中の時計は地点 P を通るときどの時刻を示すか．

考え方

いわゆる時間の遅れである．(27-1) 式を落ち着いて使えばよい．静止系から見れば，乗り物 (= 運動系) は速度 V で動いているので，地点 P を通るのは当然，

$$L = VT$$

である．

解法

地点 P は $x = L, t = T = L/V$ である．乗り物が地点 P を通るということは地点 P が運動系で $x' = 0$ となることである．これから (27-1) 式は，

$$\begin{cases} 0 = \gamma\left(L - \beta\dfrac{cL}{V}\right) \\ ct' = \gamma\left(\dfrac{cL}{V} - \beta L\right) \end{cases}$$

となる．第 1 式は単に検算である．$L = VT$ を使い，第 2 式から，

$$t' = T\sqrt{1-\beta^2}$$

となる．したがって，静止系の時間の $\sqrt{1-\beta^2}$ 倍となる．

例題 27.1 終わり

[2]相対論を議論するとき，「同時」という概念については注意を要するが，同じ場所での同時には何ら問題はない．このような時刻合わせは可能である．たとえば 2 つの乗り物がすれ違った瞬間に，それぞれの乗り物に乗っている人が自分の時計の針を 0 にリセットすればよいのである．

§ 27.2　エネルギーと運動量

ニュートン力学において基本的であったエネルギーと運動量の保存法則は，当然，相対性理論においても成立する．ただ以下のような変更がある．

ある座標系とそれに対して相対的に速度 V で運動している座標系を考える．この2つの座標系は互いに同等であるが，最初の系で観測したある粒子のエネルギーと運動量を E, p で，もう1つの系で観測した同じ粒子のエネルギーと運動量を E', p' と表す．両者の間には次の関係が成り立つ．これもローレンツ変換と呼ぶ．

$$\begin{cases} E' = \gamma(E - \beta cp) \\ cp' = \gamma(cp - \beta E) \end{cases} \tag{27-4}$$

この場合の「4次元的距離」（の2乗）は質量となる．質量 m は粒子に固有の4次元的に不変な属性である[3]．

$$E^2 - (pc)^2 = E'^2 - (p'c)^2 = (mc^2)^2 \tag{27-5}$$

特に静止している粒子 $(p = 0)$ では，

$$E = mc^2 \tag{27-6}$$

となる．これは有名な質量とエネルギーの等価性公式である．

量子力学により光を粒子としてみなすことができる．それを**光子** (photon) と呼ぶ．光子は質量が0の粒子となる．したがって，光は「静止できない」．これから光子のエネルギー E と運動量 p の間に，

$$E = pc \tag{27-7}$$

という関係が成り立つ．

例題 27.2

質量 M の中性パイ中間子（π^0）は，2つの光子へと崩壊する．静止した π^0 が崩壊するとき，生成される光子のエネルギーを求めよ．

考え方

ニュートン力学において基本的であったエネルギーと運動量の保存法則は，当然，相対性理論においても成立する．

$$\begin{aligned} \text{(始めのエネルギー)} &= \text{(終わりのエネルギー)} \\ \text{(始めはじめの運動量ベクトル)} &= \text{(終わりの運動量ベクトル)} \end{aligned}$$

解法

生成される2つの光子の運動量とエネルギーを E_1, E_2, p_1, p_2 とすると，エネルギーと運

[3] 相対論をよく知らない人が「運動をしている粒子は相対論により質量が重くなる」と書いていることがある．質量は粒子の基本的属性で変化しない．みかけの質量が増えることはあるが，エネルギーが大きくなればそれは当然である．

動量の保存則から，

$$\begin{aligned} Mc^2 &= E_1 + E_2 \\ 0 &= p_1 + p_2 \end{aligned}$$

となる．あとの式から $p_2 = -p_1$ となる．これは2つの光子が互いに逆方向に同じ運動量の大きさで飛び去るという，自然な結果を意味する．

$$E_1 = |p_1 c|, \qquad E_2 = |p_2 c|$$

であるから，$p = |p_1| = |p_2|$ とすると，

$$Mc^2 = 2pc \quad \Rightarrow \quad p = \frac{1}{2}Mc$$

となる．よって解は次のようになる[4]．

$$E_1 = E_2 = \frac{1}{2}Mc^2$$

例題 27.2 終わり

演習問題 ●●●

問 27.1　(27-3) 式を示せ．

問 27.2　(27-1) 式を逆に解いて，x, t を x', t' で表せ．その結果は (27-1) 式とどういう関係にあるか説明せよ．

問 27.3　同一の精密な時計を準備し時刻を合わせる．一方をそのままにしておき，もう一方をマッハ1の飛行機で赤道に沿って地球一周させた．全体を等速度運動と近似すると時刻は何秒遅れたか[5]．

[ヒント]　例題 27.1 の結果を使う．

問 27.4　運動系で静止している長さ L の棒がある．ようするに，運動系の任意の時刻 t' において，両端が $x' = 0,\ x' = L$ にあると考える．この棒を静止系で観測するとどのような長さに見えるか．

問 27.5　(27-1) 式で考える．静止系で速度 u の粒子が原点から時刻0に飛び出し等速度運動をするとすると，$x = ut$ となる．同じ粒子が速度 V で等速運動している運動系から見ると速度 u' であったとする．つまり $x' = u't'$ である．u' と u の関係を求めよ．

問 27.6　静止系で静止している質量 m の粒子は $E = mc^2,\ p = 0$ である．(27-4) 式を使って $-\beta = p'c/E'$ を示せ．

問 27.7　(27-5) 式の関係 $E^2 - (pc)^2 = (mc^2)^2$ を粒子の速度が遅い $(mc^2 \gg pc)$ と仮定し

[4]わざわざ解かなくてもわかる自明な結果である．あくまでも保存則の使い方の例と理解されたい．

[5]先に述べたように，これは実験的に確認されており，結果は相対論の計算と一致する．ただし，値を見ればわかるとおり，この効果を使って未来に行くより，多分，飛行機事故にあう危険性の方が大きいであろう．

て近似式で展開すると，ニュートン力学の運動エネルギーが現れることを示せ．

問 27.8　質量 M の荷電パイ中間子は，質量 m のミュー粒子と質量をもたないニュートリノへと崩壊する．静止した荷電パイ中間子が崩壊するとき，ニュートリノの運動量を求めよ．

問 27.9　1 g の物質と 1 g の反物質が対消滅してすべてエネルギーに変わったらどれだけのエネルギーが生じるか値を求めよ．

問 27.10　静止している質量 m の電子に波長 λ の光子が衝突し最初の運動方向に対して角度 θ の方向に散乱された．散乱後の波長 λ' を求めよ（コンプトン散乱）．なお，量子論によると，エネルギー E の光子の波長は，

$$\lambda = \frac{ch}{E} \qquad (h = \text{プランク定数})$$

である．

28 資料

§ 28.1　SI単位系

28.1.1　基本単位

現在の標準的な単位系は**SI単位系** (国際単位系: International System of Units, Système International d'Unités) である．この単位系は以前から使われてきたMKSA単位系から発展して生まれたものである．国際度量衡総会が1960年に採用を決定し，1971年さらに増補された．

このような単位のことを**次元** (dimension) とも呼ぶ．空間の数学的次元と混同しないこと．SI単位では7つの独立な次元をもつ**基本単位** (fundamental unit) と無次元である2つの補助単位を表28-1表のように定義した．これらの基本単位はそれぞれの定義をもつ．

- **長さ:**　光が299,792,458分の1秒の間に真空中を伝わる長さ．
- **質量:**　国際キログラム原器の質量．
- **時間:**　^{133}Cs原子の基底状態の超微細準位間の遷移での放射の周期の9,192,631,770倍の時間．
- **電流:**　真空中に置かれた2本の細い電線の間に流したときに1 mあたり2×10^{-7} Nの力がおよぼされるような電流．
- **絶対温度:**　水の三重点の温度の1/273.16．
- **物質量:**　0.012 kgの炭素12の中に存在する原子の数．
- **光度:**　周波数5.40×10^{14} Hzの単色放射を放出し，所定方向の放射強度が1/683 W/srである光源のその方向における高度．
- **角度:**　全円を2πとしたときの平面角．
- **立体角:**　全球面を4πとしたときの立体角．

過去においては，1 mはメートル原器の長さであったので光速度は測定するものであったが，今日の定義ではそれは定義による量になってしまっている．

28.1.2　誘導単位 (組立単位)

すべての物理量はこれらの基本単位の組み合わせでその単位を表すことができ

る．たとえば面積は「m^2」，密度は「$\mathrm{kg/m}^3$」などである．いくつかの主要な物理量については独自の名前をもつものがある．これらは**誘導単位** (derived unit)[1]と呼ばれる．表

[1]組立単位ともいう．

表 28-1: SI 単位系における基本単位と補助単位

物理量	名前	記号
	基本単位	
長さ	メートル	m
質量	キログラム	kg
時間	秒	s
電流	アンペア	A
絶対温度	ケルビン	K
物質量	モル	mol
光度	カンデラ	cd
	補助単位	
角度	ラジアン	rad
立体角	ステラジアン	sr

28-2 にそれらの例を示す.

28.1.3 接頭語

数が大きくなったり小さくなったりした場合に備えて，SI 接頭語というものが定義されている（表 28-3）．これは欧米風の 3 桁刻み[2]になっている．

§ 28.2 ギリシャ文字

物理学に限らず，自然科学においてはその発祥により多くのギリシャ文字が慣例的に使われる．説明なしに文字だけで物理量を示す場合もあるので，その使用，内容には慣れる必要がある．また，普段使い慣れない文字でもあるため，誤記，誤読に気をつける必要がある．表 28-4 にギリシャ文字，読み，間違われやすい文字などを示す．

§ 28.3 複素数

実数 (real number) に**虚数単位** (unit imaginary number),

$$i = \sqrt{-1} \tag{28-1}$$

を付加し加減乗除が可能となるようにした数の集まり（数学的にいえば体）が，**複素数** (complex number) である．これは次のように表すことができる．

$$\begin{array}{ccc} z & = & a + ib \\ \text{複素数} & & (a, b \text{ は実数}) \end{array} \tag{28-2}$$

[2] この手の規格はあらゆるものが欧米風なのでアジアでは使いにくいがしょうがない．大きい数や小さい数を表すのならアジアの方がはるかに語彙が豊富なのであるが．

表 28-2: SI 単位系のおける誘導単位

物理量	名前	記号	基本単位での表現
振動数, 周波数	ヘルツ	Hz	$1/s$
エネルギー, 仕事	ジュール	J	$kg \cdot m^2/s^2$
力	ニュートン	N	$kg \cdot m/s^2$
圧力	パスカル	Pa	$kg/m \cdot s^2$
仕事率	ワット	W	$kg \cdot m^2/s^3$
電荷	クーロン	C	$s \cdot A$
電位	ボルト	V	$kg \cdot m^2/(s^3 \cdot A)$
電気抵抗	オーム	Ω	$kg \cdot m^2/(s^3 \cdot A^2)$
電気容量	ファラド	F	$s^4 \cdot A^2/(kg \cdot m^2)$
インダクタンス	ヘンリー	H	$kg \cdot m^2/(s^2 \cdot A^2)$
磁束	ウェーバー	Wb	$kg \cdot m^2/(s^2 \cdot A)$
磁束密度	テスラ	T	$kg/(s^2 \cdot A)$

表 28-3: SI 単位系における接頭語

接頭語	記号	倍数	接頭語	記号	倍数
キロ	k	10^3	ミリ	m	10^{-3}
メガ	M	10^6	マイクロ	μ	10^{-6}
ギガ	G	10^9	ナノ	n	10^{-9}
テラ	T	10^{12}	ピコ	p	10^{-12}
ペタ	P	10^{15}	フェムト	f	10^{-15}
エクサ	E	10^{18}	アト	a	10^{-18}
デカ	da	10^1	デシ	d	10^{-1}
ヘクト	h	10^2	センチ	c	10^{-2}

表 28-4: ギリシャ文字

大文字	小文字	読み	英語	間違われ易い文字など
A	α	アルファ	alpha	a, x
B	β	ベータ	beta	B, b, p
Γ	γ	ガンマ	gamma	r, τ
Δ	δ	デルタ	delta	8, 6, d
E	ε, ϵ	イプシロン	epsilon	e, E, 3
Z	ζ	ゼータ	zeta	
H	η	イータ	eta	n, h
Θ	θ, ϑ	シータ	theta	Q, 0
I	ι	イオタ	iota	i, I, 1
K	κ	カッパ	kappa	k, K
Λ	λ	ラムダ	lambda	（漢字の入？）
M	μ	ミュー	mu	u, v
N	ν	ニュー	nu	u, v, U, V
Ξ	ξ	グザイ	xi	
O	o	オミクロン	omicron	（英字の o とほとんど同じ）
Π	π	パイ	pi	（大文字 Π，小文字 π を区別せよ）
P	ρ	ロー	rho	p, P, q, 9
Σ	σ	シグマ	sigma	6, o
T	τ	タウ	tau	t, T
Υ	υ	ウプシロン	upsilon	u, v, U, V
Φ	ϕ, φ	ファイ	phi	
X	χ	カイ	chi	x, X
Ψ	ψ	プサイ	psi	4
Ω	ω	オメガ	omega	w, W

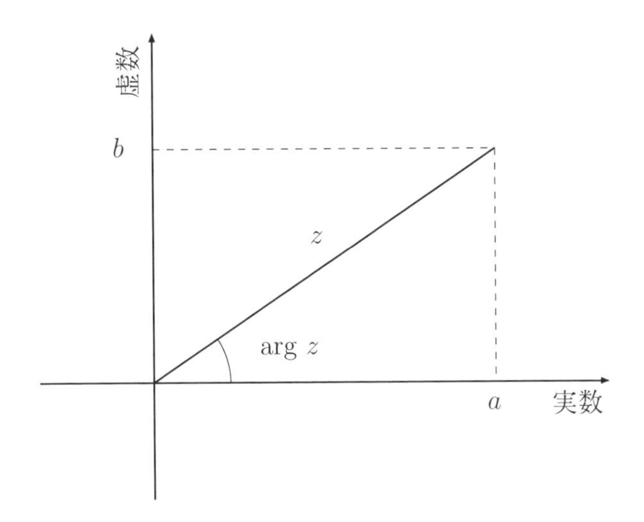

図 28-1: 複素平面

この式で，**実数部** (real part) a を x 成分，**虚数部** (imaginary part) b を y 成分と考えれば，複素数 z は平面上の点で表現することもでき，このときその平面を**複素平面** (complex plane) と呼ぶ（図 28-1 参照）．なお，$a = 0$ のとき純虚数と呼ぶ．

複素数の絶対値 (absolute value, modulus) と**偏角** (argument) を次のように定義する．

$$z = a + ib \text{ の絶対値} \quad : \qquad |z| = \sqrt{a^2 + b^2} \tag{28-3}$$

$$z = a + ib \text{ の偏角} \quad : \qquad \arg z = \tan^{-1} \frac{b}{a} \tag{28-4}$$

また複素数に対して**共役複素数** (complex conjugate number) を，

$$z = a + ib \text{ の共役複素数} : \qquad \bar{z} = a - bi \tag{28-5}$$

で定義する．これを用いると絶対値は，

$$z \cdot \bar{z} = (a + ib)(a - ib) = |z|^2 \tag{28-6}$$

と表すこともできる．

複素数の和と差は，

$$(a_1 + ib_1) \pm (a_2 + ib_2) = (a_1 \pm a_2) + i(b_1 \pm b_2) \tag{28-7}$$

のように，実数部分と虚数部分それぞれの和と積をとればよい．c が実数のとき，

$$c(a + ib) = (ca) + i(cb) \tag{28-8}$$

である．このように和差と定数倍は平面上のベクトルの演算と同様である．

複素数は乗算，除算もできる．乗算は，

$$(a_1 + ib_1) \cdot (a_2 + ib_2) = (a_1 a_2 - b_1 b_2) + i(a_1 b_2 + b_1 a_2) \tag{28-9}$$

であり，除算は，

$$\frac{1}{z} = \frac{\bar{z}}{z \cdot \bar{z}} = \frac{\bar{z}}{|z|^2} \tag{28-10}$$

として乗じればよい．

応用上極めて有用なのが次の**オイラーの公式** (Euler's identity) である．

$$x \text{ は実数として} \quad e^{ix} = \cos x + i \sin x \tag{28-11}$$

§ 28.4　微積分公式

この節では物理学で良く使われる，微分演算，積分演算の公式を示しておく．ただし，積分定数はあらわに記さないことにする．

$$\begin{array}{lll}
x \text{ の } n \text{ 乗} & \dfrac{dx^n}{dx} = nx^{n-1} & \displaystyle\int x^n\,dx = \frac{x^{n+1}}{n+1}\ (n \neq -1) \\
\text{指数関数} & \dfrac{de^x}{dx} = e^x & \displaystyle\int e^x\,dx = e^x \\
\text{対数関数} & \dfrac{d(\log x)}{dx} = \dfrac{1}{x} & \displaystyle\int \frac{1}{x}\,dx = \log x \\
\text{三角関数（正弦）} & \dfrac{d(\sin x)}{dx} = \cos x & \displaystyle\int \sin x\,dx = -\cos x \\
\text{三角関数（余弦）} & \dfrac{d(\cos x)}{dx} = -\sin x & \displaystyle\int \cos x\,dx = \sin x \\
\text{三角関数（正接）} & \dfrac{d(\tan x)}{dx} = \dfrac{1}{\cos^2 x} & \displaystyle\int \tan x\,dx = -\log\cos x
\end{array} \tag{28-12}$$

(1)　微分の線形性.

$$\frac{df(x)}{dx} = g(x) \quad \to \quad \frac{d(af(x))}{dx} = ag(x) \tag{28-13}$$

$$\frac{df_1(x)}{dx} = g_1(x), \frac{df_2(x)}{dx} = g_2(x) \quad \to \quad \frac{d(f_1(x) + f_2(x))}{dx} = g_1(x) + g_2(x) \tag{28-14}$$

(2)　積・商の微分.

$$\frac{d(f(x)g(x))}{dx} = \frac{df(x)}{dx} g(x) + f(x) \frac{dg(x)}{dx} \tag{28-15}$$

$$\frac{d}{dx}\left(\frac{f(x)}{g(x)}\right)=\frac{\frac{df(x)}{dx}g(x)-f(x)\frac{dg(x)}{dx}}{(g(x))^2} \tag{28-16}$$

(3) 合成関数の微分.

$$\frac{d(f(g(x))}{dx}=\frac{df(z)}{dz}\frac{dg(x)}{dx} \quad (z=g(x)) \tag{28-17}$$

$$\text{特に}\quad \frac{d(f(ax+b))}{dx}=a\frac{df(X)}{dX} \quad (X=ax+b) \tag{28-18}$$

$$\text{例：}\quad (e^{ax+b})'=ae^{ax+b}, \quad (\sin(x^2))'=2x\cos(x^2) \tag{28-19}$$

(4) 積分の線形性.

$$\int f(x)\,dx=F(x) \quad \to \quad \int(af(x))\,dx=aF(x) \tag{28-20}$$

$$\int f_1(x)\,dx=F_1(x),\ \int f_2(x)\,dx=F_2(x) \quad \to \quad \int(f_1(x)+f_2(x))\,dx=F_1(x)+F_2(x) \tag{28-21}$$

(5) 積分の変数変換.

$$\int f(h(x))\,dx=\int f(z)\left(\frac{dz}{dx}\right)^{-1}dz \quad (z=h(x)) \tag{28-22}$$

$$\text{特に}\quad \int f(ax+b)\,dx=\frac{1}{a}\int f(X)\,dX \quad (X=ax+b) \tag{28-23}$$

$$\text{例：}\quad \int(ax+b)^n\,dx=\frac{1}{a}\frac{(ax+b)^{n+1}}{n+1} \tag{28-24}$$

(6) 部分積分.

$$\int f'(x)g(x)\,dx=f(x)g(x)-\int f(x)g'(x)\,dx \tag{28-25}$$

§ 28.5　初等関数の級数表示

関数はべき級数で表示することができる．収束する範囲等に関する議論は数学に譲る．これらの式は，計算において近似を行う[3]際にも使用される．ある量 x の絶対値が小さいときは，その x の級数の最初の数項で，その関数を近似できるからである．

$$e^x=1+\frac{x}{1}+\frac{x^2}{2!}+\frac{x^3}{3!}+\cdots \tag{28-26}$$

$$\sin x=\frac{x}{1}-\frac{x^3}{3!}+\frac{x^5}{5!}-\frac{x^7}{7!}+\ldots \tag{28-27}$$

[3]本文中にしばしば現れる例でわかるように，物理学において近似とはごまかすことではなく，問題の本質をえぐりだす作業である．したがって，どのような近似が有効であり，その近似が物理的にどのような意味と限界をもつかを認識する作業が重要である．

$$\cos x = 1 - \frac{x^2}{2!} + \frac{x^4}{4!} - \frac{x^6}{6!} + \cdots \tag{28-28}$$

$$\log(1+x) = x - \frac{x^2}{2} + \frac{x^3}{3} - \frac{x^4}{4} + \cdots \tag{28-29}$$

$$(1+x)^\alpha = 1 + \alpha x + \frac{\alpha(\alpha-1)}{2!}x^2 + \frac{\alpha(\alpha-1)(\alpha-2)}{3!}x^3 + \cdots \tag{28-30}$$

最初の3つの展開式から，(28-11) 式のオイラーの公式が証明できることに注意する．

これらの展開は式の計算だけではなく，数値計算にも使える．現場で電卓が手元にないときには，

$$\sqrt{8.6} = \sqrt{9-0.4} = 3\sqrt{1-\frac{0.4}{9}} \simeq 3\left\{1 + \frac{1}{2} \times \left(-\frac{0.4}{9}\right)\right\} \simeq 2.93 \tag{28-31}$$

などと，すばやく計算できることが望ましい．

§ 28.6　ベクトル解析の記法

あるスカラー量 F が座標 x, y, z によって決まる値をもつときスカラー場という．したがって $F = F(x, y, z)$ であり，スカラー関数と呼んでもよい．ベクトル場も同様である．以下で一般のスカラー場を F，ベクトル場を $\vec{A}$ で表す．また，以下で使われる ∇ は，**ナブラ** (nabla) と読むベクトルの微分演算子であり，

$$\nabla = \left(\frac{\partial}{\partial x}, \frac{\partial}{\partial y}, \frac{\partial}{\partial z}\right) \tag{28-32}$$

と定義される．

(1)　勾配 (gradient)．スカラー場からベクトル場を作る．

$$\operatorname{grad} F = \nabla F = \left(\frac{\partial F}{\partial x}, \frac{\partial F}{\partial y}, \frac{\partial F}{\partial z}\right) \tag{28-33}$$

(2)　発散 (divergence)．ベクトル場からスカラー場を作る．

$$\operatorname{div} \vec{A} = \nabla \cdot \vec{A} = \frac{\partial A_x}{\partial x} + \frac{\partial A_y}{\partial y} + \frac{\partial A_z}{\partial z} \tag{28-34}$$

(3)　回転 (rotation)．ベクトル場からベクトル場を作る．

$$\operatorname{rot} \vec{A} = \nabla \times \vec{A} = \left(\frac{\partial A_z}{\partial y} - \frac{\partial A_y}{\partial z}, \frac{\partial A_x}{\partial z} - \frac{\partial A_z}{\partial x}, \frac{\partial A_y}{\partial x} - \frac{\partial A_x}{\partial y}\right) \tag{28-35}$$

(4) 公式.

$$\mathrm{rot}\,\mathrm{grad}\,F = 0 \tag{28-36}$$

$$\mathrm{div}\,\mathrm{rot}\,\vec{A} = 0 \tag{28-37}$$

$$\mathrm{div}\,\mathrm{grad}\,F = \triangle F \tag{28-38}$$

$$\mathrm{rot}\,\mathrm{rot}\,\vec{A} = \mathrm{grad}\,\mathrm{div}\,\vec{A} - \triangle\vec{A} \tag{28-39}$$

ここで，$\triangle$ はラプラス演算子と呼ばれ，

$$\triangle = \frac{\partial^2}{\partial x^2} + \frac{\partial^2}{\partial y^2} + \frac{\partial^2}{\partial z^2} \tag{28-40}$$

と定義される.

§ 28.7　基本定数

物理学は，自然世界の法則を数学的に理解することを目的とする学問である．したがって，物理学で扱われる定数は人為的に定められるものではないため，規則的なものではなく，関連付けで覚えられないものも少なくない．表 28 − 5 ∼ 28 − 7 に，このテキストの演習問題を解く上において，必要最小限と思われる定数を示す．正確な数を暗記することができればそれに越したことはないが，大まかな数値，桁数ぐらいは覚えておくとよい.

表 28-5: 基本定数 (一般 その 1)

物理量	記号	数値		単位
真空中の光速度	c	2.99792458	$\times 10^{8}$	m/s
電子の質量	m_e	0.91093897	$\times 10^{-30}$	kg
陽子の質量	m_p	1.6726231	$\times 10^{-27}$	kg
中性子の質量	m_n	1.6749286	$\times 10^{-27}$	kg
電子の静止質量	$m_e c^2$	0.510999		MeV
陽子の静止質量	$m_p c^2$	938.2723		MeV
中性子の静止質量	$m_n c^2$	939.5656		MeV
電気素量	e	1.6021773	$\times 10^{-19}$	C
電子の比電荷	e/m_e	1.758819	$\times 10^{11}$	C/kg
古典電子半径	r_e	2.8179409	$\times 10^{-15}$	m
プランク定数	h	6.6260755	$\times 10^{-34}$	C·s
	$\hbar = h/2\pi$	1.0545727	$\times 10^{-34}$	C·s
ヴィーン定数	b	2.89782	$\times 10^{-3}$	m·K
シュテファン–ボルツマン定数	σ	5.67051	$\times 10^{-8}$	J/m·s·K^4
微細構造定数	$\alpha = e^2/\hbar c$	1/137.03599		
ボーア半径	$\alpha_0 = \hbar^2/m_e e^2$	0.529177	$\times 10^{-10}$	m
リュードベリ定数	R	1.09737315	$\times 10^{7}$	m
ボーア磁子	$\mu_{\mathrm{B}} = e\hbar/2m_e c$	9.274015	$\times 10^{-24}$	A·m^2

表 28-6: 基本定数 (一般 その 2)

物理量	記号	数値		単位
水素のイオン化エネルギー	E_{H}	13.599		eV
核磁子	μ_{N}	5.050787	$\times 10^{27}$	$\mathrm{A \cdot m^2}$
電子の磁気モーメント	μ_e	9.284770	$\times 10^{24}$	$\mathrm{A \cdot m^2}$
陽子の磁気モーメント	μ_p	1.410607	$\times 10^{26}$	$\mathrm{A \cdot m^2}$
電子のコンプトン波長	$\lambda_e = h/m_e c$	2.4263106	$\times 10^{-12}$	m
陽子のコンプトン波長	$\lambda_p = h/m_p c$	1.3214100	$\times 10^{-15}$	m
中性子のコンプトン波長	$\lambda_n = h/m_n c$	1.3195911	$\times 10^{-15}$	m
アヴォガドロ数	N_{A}	6.022137	$\times 10^{23}$	$\mathrm{mol^{-1}}$
理想気体の標準状態体積	V_m	0.02242420		$\mathrm{m^3/mol}$
気体定数	R	8.31451		J/mol·K
ボルツマン定数	k	1.380658	$\times 10^{-23}$	J/K
熱の仕事当量	J	4.1860		J/cal
万有引力定数	G	6.6726	$\times 10^{-11}$	$\mathrm{N \cdot m^2/kg^2}$
ファラデー定数	F	9.64853	$\times 10^{4}$	C/mol
真空の誘電率	ε_0	8.854187817	$\times 10^{-12}$	F/m
真空の透磁率	μ_0	4π	$\times 10^{-7}$	H/m

表 28-7: 基本定数 (天文関係)

物理量	記号	数値		単位
真空中の光速度	c	2.99792458	$\times 10^{8}$	m/s
万有引力定数	G	6.67259	$\times 10^{-11}$	$\mathrm{m^3/(kg \cdot s^2)}$
天文単位	AU	1.4959787066	$\times 10^{11}$	m
プランク質量	$\sqrt{\hbar c/G}$	2.17671	$\times 10^{-8}$	kg
太陽の質量	$M_\odot$	1.98892	$\times 10^{30}$	kg
太陽の半径	$R_\odot$	6.96	$\times 10^{8}$	m
地球の質量	$M_\oplus$	5.97370	$\times 10^{24}$	kg
地球の半径	$R_\oplus$	6.378140	$\times 10^{6}$	m

問題の略解

第1章

問 1.1 (1) $10^9, 10^3, 10^{-3}$, (2) $10^3, 10^{-3}$, (3) $10^{-3}, 10^{-6}$.
問 1.2 略.

問 1.3 $a \cdots$ [m/s], $b \cdots$ [1/s] または [Hz].
問 1.4 (1) m/v, (2) $\mathrm{v^2/m}$, (3) $\mathrm{kg \cdot v^2/m}$.
問 1.5 (1) $F = C\eta rv$ (C は次元をもたない定数), (2) $T = C\sqrt{R^3/(GM)}$ (C は次元をもたない定数).
問 1.6 誤．式の左辺の次元は [時間] だが，右辺の次元が 1/[時間] なっている．
問 1.7 (1) 略, (2) 略, (3) $\mu \cdots$ 摩擦係数，$\rho \cdots$ 密度，$\omega \cdots$ 角速度 など.

第2章

問 2.1 スカラー … 質量，長さ，時間など，ベクトル … 速度，加速度，力など
問 2.2 左辺がベクトルであるのに対して，右辺はスカラーである．
問 2.3 x 軸: 62.9°, y 軸: 55.3°, z 軸: 46.9°.
問 2.4 略.
問 2.5 $\sqrt{26}/2$

問 2.6 (1) $7\vec{e_x} - \vec{e_y} + 4\vec{e_z}$, (2) $3\vec{e_x} + 7\vec{e_y}$, (3) $25\vec{e_x} + 15\vec{e_y} + 10\vec{e_z}$, (4) $(5a+2b)\vec{e_x} + (3a-4b)\vec{e_y} + 2(a+b)\vec{e_z}$,
(5) 2, (6) $14\vec{e_x} - 6\vec{e_y} - 26\vec{e_z}$.
問 2.7 (1) $|\vec{A}|^2|\vec{B}|^2$, (2) x 成分について計算してみると,

$$
\begin{aligned}
\{\vec{A} \times (\vec{B} \times \vec{C})\}_x &= A_y(\vec{B} \times \vec{C})_z - A_z(\vec{B} \times \vec{C})_y \\
&= A_y(B_xC_y - B_yC_x) - A_x(B_zC_x - B_xC_z) \\
&= (A_xC_x + A_yC_y + A_zC_z)B_x - (A_xB_x + A_yB_y + A_zB_z)C_x \\
&= \{(\vec{A} \cdot \vec{C})\vec{B} - (\vec{A} \cdot \vec{B})\vec{C}\}_x
\end{aligned}
$$

y, z 成分についても同様，　(3) 問 2.8 により明らか，　(4) (2), (3) により，

$$
\begin{aligned}
(\vec{A}\times\vec{B})\cdot(\vec{C}\times\vec{D}) &= \vec{C}\cdot\{\vec{D}\times(\vec{A}\times\vec{B})\} \\
&= \vec{C}\cdot\{(\vec{D}\cdot\vec{B})\vec{A}-(\vec{D}\cdot\vec{A})\vec{B}\} \\
&= (\vec{B}\cdot\vec{D})(\vec{A}\cdot\vec{C})-(\vec{A}\cdot\vec{D})(\vec{B}\cdot\vec{C})
\end{aligned}
$$

.

問 2.8 $\vec{A}$ と $\vec{B}$ のなす角を θ，$\vec{A}\times\vec{B}$ と $\vec{C}$ のなす角を φ とすると，

$$
\begin{aligned}
(\vec{A}\times\vec{B})\cdot\vec{C} &= |\vec{A}\times\vec{B}|\cdot|\vec{C}|\cos\varphi \\
&= (|\vec{A}||\vec{B}|\sin\theta)\cdot(|\vec{C}|\cos\varphi) \\
&= (\text{底面積})\times(\text{高さ})
\end{aligned}
$$

問 2.9 (1) $\vec{A}'\cdot\vec{B}'$ を計算し，$\vec{A}\cdot\vec{B}$ となることを示す，　(2) x 成分について，

$$
\begin{aligned}
\{(\vec{A}\times\vec{B})'\}_x &= (A_yB_z-A_zB_y)\cos\theta+(A_zB_x-A_xB_z)\sin\theta \\
&= (A_y\cos\theta)B_z-(B_y\cos\theta)A_z+(B_x\sin\theta)A_z-(A_x\sin\theta)B_z \\
&= (A_x\sin\theta+A_y\cos\theta)B_z-(-B_x\sin\theta+B_y\cos\theta)A_z \\
&= \{\vec{A}'\times\vec{B}'\}_x
\end{aligned}
$$

y 成分についても同様，z 成分は変わらない．

問 2.10 (1) ひもの方向 $\cdots mg\cos\theta$，ひもに垂直な方向 $\cdots mg\sin\theta$，　(2) 斜面に平行な方向 $\cdots mg\sin\theta$，斜面に垂直な方向 $\cdots mg\cos\theta$．

第 3 章

問 3.1 (1) $\dfrac{dx}{dt}=2at+b,\ \dfrac{d^2x}{dt^2}=2a$，　(2) $\dfrac{dx}{dt}=ab\cos(bt+c),\ \dfrac{d^2x}{dt^2}=-ab^2\sin(bt+c)$，　(3) $\dfrac{dx}{dt}=ab\exp(bt+c)$，$\dfrac{d^2x}{dt^2}=ab^2\exp(bt+c)$．

問 3.2 (1) $v(t)=\dfrac{at^{n+1}}{n+1}+v_0$，　(2) $v(t)=-a\cos t$，　(3) $v(t)=e^t$．

問 3.3 $48\,\mathrm{m/s}$.

問 3.4 $1.3\,\mathrm{km}$.

問 3.5 $-3.5\,\mathrm{m/s^2}$

問 3.6 それぞれの速度，加速度を $v(t)$, $a(t)$ とすると，(1) $v(t)=2\alpha t,\ a(t)=2\alpha$，　(2) $v(t)=3\alpha t^2-\beta,\ a(t)=6\alpha t$，　(3) $v(t)=-\omega A\sin(\omega t),\ a(t)=-\omega^2A\cos(\omega t)$，　(4) $v(t)=-cAe^{-ct},\ a(t)=c^2Ae^{-ct}$，(5) $v(t)=Ae^{-ct}\{\omega\cos(\omega t)-c\sin(\omega t)\},\ a(t)=-Ae^{-ct}\{\omega^2\sin(\omega t)+2c\omega\cos(\omega t)-c^2\sin(\omega t)\}$．グラフは略．

問 3.7 (1) $\vec{v}(t)=(-r\omega\sin(\omega t), r\omega\cos(\omega t)),\ \vec{a}(t)=-\omega^2\vec{r}$，　(2) $\vec{r}\cdot\vec{v}=0,\ |\vec{r}|\neq 0,\ |\vec{v}|\neq 0$ なので $\cos\theta=0$，(3) $v=r\omega,\ a=r\omega^2$．

問 3.8 (1) $x=v_0t-(1/2)\alpha t^2,\ a=-\alpha$，　(2) $x=(\alpha/\omega)\sin(\omega t),\ a=-\alpha\omega\sin(\omega t)$．

問 3.9 (1) 略，　(2) $v_x=(dx/dt),\ v_y=(dy/dt)$，　(3) $r=\sqrt{x^2+y^2},\ \varphi=\tan^{-1}(y/x),\ x=r\cos\varphi,\ y=r\sin\varphi$，(4) $(dx/dt)=(dr/dt)\cos\varphi-r\sin\varphi(d\varphi/dt),\ (dy/dt)=(dr/dt)\sin\varphi+r\cos\varphi(d\varphi/dt)$，　(5) $\hat{x}=\cos\varphi\cdot\hat{r}-\sin\varphi\cdot\hat{\varphi},\ \hat{y}=\sin\varphi\cdot\hat{r}+\cos\varphi\cdot\hat{\varphi}$，　(6) $v_r=(dr/dt),\ v_\varphi=r(d\varphi/dt)$．

問 3.10 問 3.9 と同様の手順で証明する．

第4章

問 4.1 $\dfrac{2L}{t^2}$.

問 4.2 $\sqrt{\dfrac{2h}{g}}$,　$\sqrt{2gh}$.

問 4.3 (1) $\dfrac{g}{\sqrt{3}}$,　(2) 0,　(3) $\dfrac{a}{g}$.

問 4.4 $\dfrac{V_0}{g}+\sqrt{\left(\dfrac{V_0}{g}\right)^2+\left(\dfrac{2h}{g}\right)}$,　$\sqrt{V_0^2+2gh}$.

問 4.5 600 m.

問 4.6 $\dfrac{T}{m}-g$

問 4.7 mg,　$\mu' mg$

問 4.8 $\dfrac{1}{\sqrt{3}}$.

問 4.9 電車は，発進時/停車時に地上に対して加速/減速を行うため慣性系とはならない．したがって，このとき電車内で立っている人には慣性力が働き，加速時には進行方向の反対側に押されたような動きをし，停車時には進行方向に押されたような動きをする．また，風船は人と逆の動きをする．

問 4.10 $V_0>\sqrt{\dfrac{gh}{2}}$ であり，衝突の高さは $H=h-\dfrac{gh^2}{2{V_0}^2}$.

問 4.11 (1) 9 m/sec,　(2) 27 m,　(3) 1.125 m/sec^2 で減速,　(4) 7.86 sec 以内.

問 4.12 ${v_0}^2>\dfrac{g\ell^2}{2(\ell\sin\theta-h\cos\theta)\cos\theta}$.

問 4.13 $\mu=\tan\theta$.

問 4.14 (1) $\sqrt{2gh}$,　(2) $\sqrt{2g(H-\mu' L)}$,　(3) $H>\mu' L$.

問 4.15 マウンドの緯度を φ とすると，$0.565\sin\varphi$ [mm] 右方向にずれる．

第5章

問 5.1 98 kg/s^2

問 5.2 24.7 s^{-1},　0.25 s.

問 5.3 $A=\sqrt{C_1^2+C_2^2}$,　$\phi_0=\tan^{-1}(C_1/C_2)$.

問 5.4 略.

問 5.5 問 2.10 より，振れ角を θ とした場合の振動の推進力は $\sin\theta$ となる．振れ幅が小さいときは $\sin\theta\sim\theta$ なので，運動が振れ幅に比例することがわかる．したがって単振動となる．

問 5.6 (1) $(d^2x/dt^2)=-\omega^2C_1\cos(\omega t)-\omega^2C_2\sin(\omega t)=-(k/m)x$,　(2) $v(t)=-\omega\{C_1\sin(\omega t)-C_2\cos(\omega t)\}$,　(3) $x(t)=x_0\cos(\omega t)$,　(4) $x(t)=(v_0/\omega)\sin(\omega t)$,　(5) $x(t)=x_0\cos(\omega t)+(v_0/\omega)\sin(\omega t)$,　(6) 略,　(7) $K+U=(1/2)kx_0^2+(1/2)mv_0^2$.

問 5.7 (1) $m(d^2x/dt^2)=-kx$, $m(d^2y/dt^2)=-ky$,　(2) $x^2/R^2+y^2/(V\sqrt{m/k})^2=1$ の楕円軌道.

問 5.8 (1) $M(x/R)^3$,　(2) x/R 倍,　(3) $2\pi\sqrt{R^3/(GM)}$,　(4) 振動 $\cdots 2.54\times10^3$ sec, 旅客機 $\cdots 5.89\times10^4$ sec,　(5) 運動方程式が，中心を通る場合と同じになることを示す．

問 5.9 $\alpha=-\gamma\pm\sqrt{\gamma^2-\omega^2}$.

問 5.10 (1) 図略，$\omega_0=\Omega$ で最大．そのとき，(係数) $=\dfrac{(f_0/m)}{2\gamma\Omega}$,　(2) 略.

第6章

問 6.1 $\dfrac{v}{\sqrt{2}}$.
問 6.2 0.39 倍.
問 6.3 $\dfrac{3g}{4\pi GR}$.
問 6.4 $\dfrac{GmM}{2(R+h)}$.

問 6.5 100R$\cdots$0.28 倍，50R$\cdots$0.57 倍.
問 6.6 $v = \sqrt{g\ell(\sin^2\theta/\cos\theta)}$.
問 6.7 (1) 7.8×10^3 m/s,　(2) 5.07×10^3 sec.
問 6.8 (1) 地軸を中心とした円運動の向心力は，地軸に対して垂直である必要がある．したがって，赤道以外では万有引力以外の力を必要とするため．　(2) 4.22×10^7 m.
問 6.9 (1) 第 2 法則 $\cdots$ 等速運動であること，第 3 法則 $\cdots$ 向心力が万有引力であること，　(2) 周期の 2 乗と距離の $(n+1)$ 乗の比が一定となる．
問 6.10 $m = \rho R^2\omega_0^2/g$ まで.

第 7 章

問 7.1 $0, \sqrt{gh}, \sqrt{2gh}$.
問 7.2 $U = mg(v_0 t - \frac{1}{2}gt^2), K = \frac{1}{2}m(v_0 - gt)^2$.
問 7.3 25 J.
問 7.4 2 倍，4 倍.
問 7.5 $\sqrt{\dfrac{m}{k}}v$.

問 7.6 第 1 経路: 4, 第 2 経路: 10, 第 3 経路: 5．したがって，力は保存力ではない．
問 7.7 (1) $z(t) = -\frac{1}{2}gt^2 + v_0 t + z_0, v(t) = -gt + v_0$,　(2) $t_1 = \frac{v_0}{g}, z_1 = \frac{1}{2}\frac{v_0^2}{g} + z_0$,　(3) 略,
(4) $K(t) + U(t) = \frac{1}{2}mv_0^2 + mgz_0$,　(5) $K(t_0) = \frac{1}{2}mv_0^2, U(t_0) = mgz_0, K(t_1) = 0, U(t_1) = \frac{1}{2}mv_0^2 + mgz_0$.
問 7.8 (1) 3 次元極座標 (r, θ, φ) をとると，

$$\begin{aligned} W &= \int \vec{F} \cdot d\vec{s} \\ &= \int F_r \cdot dr + \int f_\theta \cdot r\,d\theta + \int F_\varphi \cdot r\sin\theta\,d\varphi \\ &= \int -G\frac{mM}{r^2}\,dr = 0 \end{aligned}$$

，　(2) $W = \displaystyle\int_{\mathrm{P}_0}^{\mathrm{P}} -G\frac{mM}{r^2}\,dr = GmM\left(\frac{1}{r} - \frac{1}{r_0}\right)$,　(3) 任意の 2 点を結ぶ任意の経路は，動径方向とそれに垂直な球面方向に分けることができる．(1), (2) より，動径方向のみが仕事に関与することがわかるので，仕事が位置のみの関数であることがわかる．　(4) $U(r) = -G\dfrac{mM}{r}$.
問 7.9 (1) [h] = [kg $\cdot$ m^2/s^2], [c] = [1/m],　(2) $F = -ch(e^{cx} - e^{-cx})$,　(3) 略,　(4) $T = \dfrac{2\pi}{c}\sqrt{\dfrac{m}{2h}}$.
問 7.10 (1) $U(x) = -\dfrac{\alpha}{n-1}\dfrac{1}{x^{n-1}}$,　(2) $\dfrac{3}{2}$.
問 7.11 (1) (長さ) $= \dfrac{a(h-y)}{h}$, (体積) $= \left\{\dfrac{a(h-y)}{h}\right\}^2 dy$,　(2) $dU = \rho g\left\{\dfrac{a(h-y)}{h}\right\}^2 y\,dy$,　(3) $U = \dfrac{1}{12}\rho g a^2 h^2$,
(4) 1.143×10^{12} J,　(5) 1.215×10^2 W,　(6) 1.914×10^8 J,　(7) 597 年.

第 8 章

問 8.1 $(v - u_x, -u_y)$

問 8.2 $\dfrac{mv}{m+M}$,　$\dfrac{mMv^2}{2(m+M)}$.

問 8.3 $20\,\mathrm{m/s}$,　$2400\,\mathrm{J}$

問 8.4 (1) $v_0 = \sqrt{2gH}$,　(2) $v_1 = e\sqrt{2gH}$,　(3) $v_n = e^n\sqrt{2gH}$,　(4) $h_n = e^{2n}H$.

問 8.5 (1) $\left(-\dfrac{1}{6}, 0\right)$,　(2) $(2, 1)$.

問 8.6 (1) $1.67 \times 10^4\,\mathrm{kg \cdot m/s}$,　(2) $3.3 \times 10^4\,\mathrm{N}$, 3.37 倍.

問 8.7 質点 $\cdots\ \dfrac{m_1 - m_2}{m_1 + m_2}g$,　質量中心 $\cdots\ -\left(\dfrac{m_1 - m_2}{m_1 + m_2}\right)^2 g$.

問 8.8 (1) $\dfrac{1}{2}k(\ell_0 - \ell)^2$,　(2) $M \cdots \sqrt{\dfrac{k}{M}\dfrac{m}{m+M}(\ell_0 - \ell)^2}$, $m \cdots \sqrt{\dfrac{k}{m}\dfrac{M}{m+M}(\ell_0 - \ell)^2}$.

問 8.9 $\dfrac{m}{m+M}\ell$

問 8.10 (1) $v_1 = \sqrt{2}v$,　(2) $v_2 = \dfrac{m}{m+M}v_1$, $\ell = \dfrac{M}{m+M}L$, $d = \dfrac{mM}{(m+M)^2}L$.

問 8.11 1.

第 9 章

問 9.1 (1) $mr^2\omega$,　(2) $mr^2\omega - mr\omega(a\cos\omega t + b\sin\omega t)$.

問 9.2 質点に働く力が中心力のみの場合,「角運動量 ＝ 一定」である．したがって，この円運動の角運動量は常に「$m\ell^2\omega = m\ell v (=$ 一定$)$」となる．回転運動の半径を r，そのときの速さを v' とすると，$mrv' = m\ell v$ であるため，ひもが巻きつくにしたがって，その回転の速さは増していく．

問 9.3

$$
\begin{aligned}
\sum_i m_i \vec{r}_i{}' = \sum_i m_i(\vec{r}_i - \vec{R}) &= \sum_i m_i\vec{r}_i - \sum_i m_i\vec{R} \\
&= \sum_i m_i\vec{r}_i - \left(\sum_i m_i\right)\frac{\sum_i m_i\vec{r}_i}{\sum_i m_i} = 0
\end{aligned}
$$

問 9.4

$$
\begin{aligned}
\sum_i \left(\frac{1}{2}m_i\vec{v}_i{}^2\right) &= \sum_i \frac{1}{2}m_i\left\{\frac{d}{dt}(\vec{R} + \vec{r}_i{}')\right\}^2 \\
&= \sum_i \frac{1}{2}m_i\left\{\left(\frac{d\vec{R}}{dt}\right)^2 + 2\frac{\vec{R}}{dt}\frac{\vec{r}_i{}'}{dt} + \left(\frac{d\vec{r}_i{}'}{dt}\right)^2\right\}
\end{aligned}
$$

ここで,

$$
\begin{aligned}
\sum_i m_i\frac{d\vec{R}}{dt}d\vec{r}_i{}' &= \frac{d\vec{R}}{dt}\frac{d}{dt}\left(\sum_i m_i\vec{r}_i{}'\right) \\
&= \frac{d\vec{R}}{dt}\frac{d}{dt}\left\{\left(\sum_i m_i\right)\frac{\sum_i m_i\vec{r}_i{}'}{\sum_i m_i}\right\} = 0
\end{aligned}
$$

問 9.5

$$\begin{aligned}\vec{L} &= \sum_i \left(\vec{r}_i \times m_i \frac{d\vec{r}_i}{dt}\right) \\ &= \sum_i \left(\vec{R} \times \frac{d\vec{R}}{dt} + \vec{r}_i{}' \times \frac{d\vec{R}}{dt} + \vec{R} \times \frac{d\vec{r}_i{}'}{dt} + \vec{r}_i{}' \times \frac{d\vec{r}_i{}'}{dt}\right)\end{aligned}$$

ここで,

第 1 項 ... $\vec{L_G}$,

第 2 項 + 第 3 項 ... $\sum_i m_i \frac{d}{dt}(\vec{r}_i{}' \times \vec{R}) = 0$

第 3 項 ... $\vec{\ell_i}{}'$

問 9.6 (1) $L\left(\frac{d\varphi}{dt}\right)$, (2) $mL^2\left(\frac{d\varphi}{dt}\right)$, (3) $mgL\sin\varphi$, (4) $\frac{d^2\varphi}{dt^2} = -\frac{g}{L}\sin\varphi$.

問 9.7 (1) $\delta S = \frac{1}{2}r^2\delta\varphi$, (2) $\ell_z = mr^2\frac{\delta\varphi}{\delta t}$, (3) $\frac{\delta S}{\delta t} = \frac{1}{2}r^2\frac{\delta\varphi}{\delta t} = \frac{1}{2}\frac{\ell_z}{m}$.

第 10 章

問 10.1 7.84 N, 5.88 N.

問 10.2 $\tan\theta \geqq \frac{1}{2\mu}$.

問 10.3 $4.9mm$.

問 10.4 辺 AB から距離 0.21 m, 辺 AD から距離 0.15 m の位置.

問 10.5 (1) $\frac{\pi}{2}r^2$, (2) $2\sqrt{r^2-x^2}\delta x$, (3) $m(x) = \frac{4M\sqrt{r^2-x^2}}{\pi r^2}$, (4) $R_x = \frac{4}{3\pi}r$.

問 10.6 (1) 床（水平成分）: 45 N, 床（垂直成分）: 120 N, 壁（水平成分）: 45 N, 壁（水平成分）: 0 N, (2) 5.6 m の高さ.

問 10.7 (1) $H_P + H_Q = Mg\cos\theta$, $f_P + f_Q = Mg\sin\theta$, $H_Q + Mgh\sin\theta = H_Pb, \ldots,$ $H_P = Mg\frac{b\cos\theta + h\sin\theta}{2b}$, $H_Q = Mg\frac{b\cos\theta - h\sin\theta}{2b}$, (2) すべり始める場合: $\tan\theta = \mu$, 転がる場合: $\tan\theta = \frac{b}{h}$.

問 10.8 (1) 40 N, (2) 36 N, (3) 0.35, (4) a.100 N, b.55 N, c.55 N, (5) $\frac{5\sqrt{3}}{6}$.

問 10.9 $\frac{M}{m} \geqq \frac{2(a-r)}{a}$.

第 11 章

問 11.1 $\frac{1}{4}M\ell^2$.

問 11.2 図 11-1 において，棒は一様であるためその重心は原点にある．この重心（原点）を通り求める回転軸に平行な軸の周りの慣性モーメントは,

$$I_0 = \int_{-\ell/2}^{\ell/2} \frac{M}{\ell}x^2\,dx = \frac{M}{12}\ell^2$$

である．原点を通る軸は求める回転軸とは距離 a だけ離れているのだから，平行軸の定理により I_0 に Ma^2 を加えれば (11-13) 式 と一致することがわかる.

問 11.3 (1) Mr^2, (2) $M(r^2+a^2)$.

問 11.4 $\frac{1}{4}Mr^2$.

問 11.5 $\frac{2}{5}Mr^2$.

問 11.6 $\dfrac{3}{10}Mr^2$.

第 12 章

問 12.1 (1) $\dfrac{M}{8}\ell^2\omega^2$, (2) $\sqrt{3}\omega$.

問 12.2 (1) $3.66\times10^{-5}\,\mathrm{kg\cdot m^2}$, (2) $25.1\,\mathrm{rad/s}$, (3) $1.16\times10^{-2}\,\mathrm{J}$.

問 12.3 時間: $\dfrac{Mr}{2\mu' f}\omega$, 回転角: $\dfrac{Mr}{4\mu' f}\omega^2$.

問 12.4 (1) A: $\dfrac{m}{M}r^2$, B: $\dfrac{1}{2}r^2$, C: r^2, (2) A, B, C の順.

問 12.5 (1) $\dfrac{1}{3}M\ell^2\dfrac{d^2\phi}{dt^2}=\dfrac{1}{2}Mg\ell\sin\phi$, (2) $\dfrac{3g}{2\ell}\sin\phi$, (3) $\mu\geqq\tan\phi$.

問 12.6 $(\text{加速度})=\dfrac{Mr^2}{I+Mr^2}g$ の等加速度運動で落下する．このときのひもの張力は $\dfrac{I}{I+Mr^2}Mg$ である．

第 13 章

問 13.1 球面の中心を O，質点の位置を A とし，$\angle\mathrm{AOP}=\theta$ とすると，$\cos\theta=\dfrac{2}{3}$.

問 13.2 (1) $\dfrac{1}{4}kx^4$, (2) 原点, $|v_{\max}|=\sqrt{\dfrac{1}{2}\dfrac{k}{m}}\cdot A^2$, (3) $x=-A$ および A, $|a_{\max}|=\dfrac{k}{m}A^3$.

問 13.3 (1) $m\dfrac{dv}{dt}=-kv$, (2) $x=\dfrac{m}{k}v_0$.

問 13.4 (1) グラフ略, (2) $x=0$, (3) $T=2\pi\sqrt{\dfrac{m}{2a^2U_0}}$,

問 13.5 (1) 略, (2) $F(\Delta x)=-\omega U_0\sin(2\omega\Delta x)$, $F(-\Delta x)=\omega U_0\sin(2\omega\Delta x)$ と，原点からの微小 なずれに対して，いずれも原点に復元を促すような力が働く, (3) $m\dfrac{d^2x}{dt^2}=-\omega U_0\sin(2\omega x)$, (4) $T=2\pi\sqrt{\dfrac{m}{2\omega^2U_0}}$.

問 13.6 $K=\dfrac{1}{2}mv^2=\dfrac{1}{2}G\dfrac{mM}{R}$, $U=-\displaystyle\int F\,dr=-G\dfrac{mM}{R}$.

問 13.7 略.

問 13.8 $(2x,2y,0)$.

問 13.9 CO: $47.1\,\mathrm{N/m}$, NO: $39.3\,\mathrm{N/m}$.

問 13.10 $\dfrac{1}{3}mv^2$.

問 13.11 (1) $2\ell_0$, (2) $\dfrac{3}{2}mg\ell_0$, (3) 糸ののびがないので，このとき蜘蛛がなした仕事は，$mg\ell_0$ となる．

問 13.12 質点の速さを v とすると，(接線成分) $=v$, (法線成分) $=0$.

問 13.13 (1) $\cos^{-1}\left(\dfrac{u+\sqrt{u^2+8{V_0}^2}}{4V_0}\right)$, (2) $\cos^{-1}\left(\dfrac{-u+\sqrt{u^2+8{V_0}^2}}{4V_0}\right)$.

問 13.14 $\dfrac{1}{6}m({v_1}^2+v_1v_2+{v_2}^2)$.

問 13.15 点 P から出発し，点 Q, R, S を経由してから点 P に戻ったとすると，

$$\oint\vec{F}\cdot d\vec{s}=\int_{\mathrm{P}}^{\mathrm{R}}\vec{F}\cdot d\vec{s}(\text{点 Q 経由})+\int_{\mathrm{R}}^{\mathrm{P}}\vec{F}\cdot d\vec{s}(\text{点 S 経由})=\int_{\mathrm{P}}^{\mathrm{R}}\vec{F}\cdot d\vec{s}(\text{点 Q 経由})-\int_{\mathrm{P}}^{\mathrm{R}}\vec{F}\cdot d\vec{s}(\text{点 S 経由})$$

となる．保存力による仕事は経路によらないので，与式は 0 となる．

問 13.16 摩擦力による仕事は経路に依存するので，保存力ではない．

問 13.17 略.

問 13.18 質量 M_1 のぶら下がっているのとは反対の方向に，$\dfrac{M_2}{M+M_1+M_2}h$ だけ動く．

問 13.19 $\sqrt{\dfrac{2}{3}}T$.

問 13.20 (1) $v(t)=v_0-V_{\mathrm{g}}\log\left(1-\dfrac{m}{M_0}t\right)\quad\therefore t<\dfrac{M_0}{m}$, (2) $v(t)=v_0+\alpha V_{\mathrm{g}}t$.

第 14 章

問 14.1 1.01×10^5 Pa.

問 14.2 2.6×10^4 J.

問 14.3 4.5×10^3 J/K,　1.8×10^4 J.

問 14.4 gh/cJ.

問 14.5 1.08×10^{28}個

問 14.6 3.34 nm

問 14.7 $\rho = \dfrac{nM}{V}$.

問 14.8 $\dfrac{n_1C_1T_1 + n_2C_2T_2}{n_1C_1 + n_2C_2}$.

問 14.9 5.63 K.

問 14.10 (1) A $\cdots$ 192 °C, B $\cdots$ 320 °C,　(2) A $\cdots$ $\dfrac{3T_{\rm A} + 5T_{\rm B}}{8}$, B $\cdots$ $\dfrac{5T_{\rm A} + 3T_{\rm B}}{8}$,　(3) A $\cdots$ 147 °C, B $\cdots$ 365 °C,　(4) A と B の温度が入れ替わる.

第 15 章

問 15.1 278 kPa.

問 15.2 2.24×10^{-2} m^3,　2.69×10^{19}個.

問 15.3 676 hPa,　177 °C.

問 15.4 24 m^3.

問 15.5 8.31 J/mol · K.

問 15.6 (1) 124.78 mol,　(2) 1.2 倍,　(3) 2.40 kg.

問 15.7 略.

問 15.8 (1) 125 Pa,　(2) 8.46 t,　(3) 6.05×10^{10} J,　(4) 2.42 °C.

第 16 章

問 16.1 $Q = W = nRT \log\left(\dfrac{V_2}{V_1}\right)$.

問 16.2 $Q = nC_V(T_2 - T_1)$, $W = 0$.

問 16.3 $Q = n(C_V + R)(T_2 - T_1)$, $W = nR(T_2 - T_1)$.

問 16.4 $Q = 0$, $W = nC_V(T_1 - T_2)$.

問 16.5 略.

問 16.6 30 kJ,　30 kJ.

問 16.7 Q,　$\dfrac{Q}{T_2 - T_1}$.

問 16.8 (1) $1.10RT$,　(2) $\dfrac{R}{\gamma - 1}\left\{1 - \left(\dfrac{1}{3}\right)^{\gamma - 1}\right\}T$,　(3) -81.02 °C.

問 16.9 ヘリウム: $C_p - C_V = 8.3$, $\gamma = 1.659$,　アルゴン: $C_p - C_V = 8.4$, $\gamma = 1.675$,　水素: $C_p - C_V = 8.2$, $\gamma = 1.4$,　酸素: $C_p - C_V = 8.3$, $\gamma = 1.392$.

問 16.10 ピストンの断面積を S とすると，ピストンにかかる力は圧力 $p(V)$ と断面積の積 $F = p(V) \cdot S$ となる．したがって，ピストンの移動距離を Δx とすると，気体の行った仕事は，$\delta W = \{p(V) \cdot S\}\Delta x = p(V) \cdot \Delta V$ である．$p(V)$ は過程に依存するので，(16-3) 式となる．

問 **16.11** (1) $V = Sc\delta t$, (2) $-\delta V = \frac{v}{c}V$, (3) $\delta p = \rho cv$, (4) $c = \sqrt{\frac{V}{\rho}\frac{\delta p}{-\delta V}}$, (5) $\rho = \frac{nM}{V}$, (6) $\frac{dp}{dV} = -\gamma\frac{p}{V}$
(7) $c = \sqrt{\frac{\gamma RT}{M}}$, (8) 340 m/s.

問 **16.12** (1) $\frac{dp}{dz} = -\rho(z)g$, (2) $\frac{dT}{dp} = \frac{\gamma-1}{\gamma}\frac{T}{p}$, (3) $\frac{dT}{dz} = -\rho g\frac{\gamma-1}{\gamma}\frac{T}{p}\cdots$ 温度の高度依存性, (4) 1 °C,
(5) 大気中の水分が凝結するときに出す熱の影響と考えられる.

第17章

問 **17.1** 1.5×10^{-1}, 6.0×10^{3} W.

問 **17.2** 略

問 **17.3** 略

問 **17.4** (1) $1-\frac{T_\mathrm{L}}{T_\mathrm{H}}$, (2) $1-\frac{C_V}{C_p}\frac{T_\mathrm{C}-T_\mathrm{D}}{T_\mathrm{B}-T_\mathrm{A}}$.

問 **17.5** (1) 「$\eta = 1$」と「第 2 種永久機関」は等価, (2) 「$\eta = 1$」を「熱」と「仕事」を使って表現している,
(3) 表現（その 3）の否定する熱機関が存在したとすると，その熱機関の出力すべてを入力とした任意の熱機関と組み合わせることにより，表現（その 4）の過程を実現することができる.

問 **17.6** C の出力のすべてを $\mathrm{C_r}$ の入力とする系を考えると，熱は低温の熱源から高温の熱源へと移動することになる．ところで，高温の熱源からの吸引する熱 Q, Q_r および低温の熱源への放出する熱 q, q_r の関係は，$Q-Q_\mathrm{r} = q-q_\mathrm{r}$ となる．このとき符号は高温の熱源から低温の熱源への移動を正としている．クラウジウスによる第 2 法則の表現により，$Q-Q_\mathrm{r} < 0$ は禁止されるので，

$$\eta = \frac{W}{Q_\mathrm{in}} \leqq \frac{W}{Q_\mathrm{out}} = \eta_\mathrm{r}$$

である.

問 **17.7** $\Delta S = CM\log\frac{(T_1+T_2)^2}{4T_1T_2}$ より.

問 **17.8** (1) 内部エネルギーが変化しないため, (2) $R\log\frac{V}{v}$.

第18章

問 **18.1** $\sqrt{\langle v^2\rangle} = \sqrt{\frac{3RT}{M}}$, (1) 1.37×10^{3} m/s, (2) 4.84×10^{2} m/s, (3) 4.12×10^{2} m/s.

問 **18.2** $K = \frac{3}{2}RT, U = \frac{5}{2}RT$, 回転運動による運動エネルギーなどによることが考えられる.

問 **18.3** 略.

問 **18.4** $v_\mathrm{peak} = \sqrt{\frac{2k_\mathrm{B}T}{m}}$, $\frac{v_\mathrm{peak}}{\sqrt{\langle v^2\rangle}} = \sqrt{\frac{2}{3}}$.

問 **18.5** 2 原子分子, 5.68×10^{3} J/mol.

問 **18.6** 略.

問 **18.7** 気体分子運動論によれば，温度は気体分子の運動エネルギーの尺度と解釈できる．運動エネルギーは（速度の 2 乗に比例するため）0 以上の実数として表されるので，温度の下限も 0 となる.

第19章

問 **19.1** (1) $\left(-\frac{1}{4\pi\varepsilon_0}\frac{q}{a^2}, 0\right)$, (2) $\left(-\frac{1}{4\pi\varepsilon_0}\frac{aq}{(a^2+b^2)^{\frac{3}{2}}}, \frac{1}{4\pi\varepsilon_0}\frac{bq}{(a^2+b^2)^{\frac{3}{2}}}\right)$.

問 19.2 (1) 引力．$\dfrac{1}{4\pi\varepsilon_0}\dfrac{q^2}{4a^2}$，　(2) $\left(-\dfrac{2}{4\pi\varepsilon_0}\dfrac{q}{a^2}, 0\right)$，　(3) $\left(-\dfrac{2}{4\pi\varepsilon_0}\dfrac{aq}{(a^2+b^2)^{\frac{3}{2}}}, 0\right)$.

問 19.3 $Ed\cos\theta$.

問 19.4 (1) 大きさ: $\dfrac{\sqrt{2}}{4\pi\varepsilon_0}\dfrac{q}{a^2}$，向き: 原点と点 P を結んだ直線上を原点から離れるむき，　(2) 原点に $Q/q = -2\sqrt{2}$ の電荷を置く．

問 19.5 (1) $\dfrac{1}{4}$，　(2) 座標：$\dfrac{7}{4}a$，比：$-\dfrac{17\sqrt{17}}{64}$，　(3) $-\dfrac{3}{2}\dfrac{1}{4\pi\varepsilon_0}\dfrac{q_2q_3}{a}$.

問 19.6 (1) $\dfrac{q}{2\pi\varepsilon_0}\left(\dfrac{1}{\sqrt{a^2+b^2}}-\dfrac{1}{a}\right)$，　(2) $\dfrac{qQ}{2\pi\varepsilon_0}\left(\dfrac{1}{\sqrt{a^2+b^2}}-\dfrac{1}{a}\right)$，　(3) 移動中の第 3 の電荷の座標を点 $\mathrm{A}(0, y)$ とすると，点 A における電場は $E_{\mathrm{A}} = \dfrac{2y}{\sqrt{a^2+y^2}}\dfrac{1}{4\pi\varepsilon_0}\dfrac{q}{(a^2+y^2)}$ と表される．これを y で積分する．

問 19.7 $-\dfrac{1}{\pi\varepsilon_0}\dfrac{qQ}{a^3}x$.

問 19.8 (1) $\left(\dfrac{1}{4\pi\varepsilon_0}\left[\dfrac{qq_1(x-a)}{\{(x-a)^2+y^2\}^{\frac{3}{2}}}+\dfrac{qq_2(x+a)}{\{(x+a)^2+y^2\}^{\frac{3}{2}}}\right], \dfrac{1}{4\pi\varepsilon_0}\left[\dfrac{qq_1y}{\{(x-a)^2+y^2\}^{\frac{3}{2}}}+\dfrac{qq_2y}{\{(x+a)^2+y^2\}^{\frac{3}{2}}}\right]\right)$，
(2) $\dfrac{q_1}{q}=\dfrac{q_2}{q}=-4$，　(3) x 方向に $+\delta$ ずらした場合: $\vec{F} = \left(\dfrac{4q^2}{4\pi\varepsilon_0}\dfrac{4\delta a}{(\delta^2-a^2)^2}, 0\right)$，正方向へのずれが正方向への力を生み出すので，不安定なつりあいといえる，y 方向に $+\delta$ ずらした場合: $\vec{F} = \left(0, -\dfrac{4q^2}{4\pi\varepsilon_0}\dfrac{2\delta}{(\delta^2+a^2)^{\frac{3}{2}}}\right)$，進行方向と逆向きの力が生じるので安定といえる．

問 19.9 $r < a$: $E = 0$, $V = V_0$,　$r > a$: $E = \dfrac{\rho}{2\pi\varepsilon_0 r}$，$V = \dfrac{\rho}{2\pi\varepsilon_0}\log\dfrac{a}{r} + V_0$.

問 19.10 (1) $\dfrac{mv^2}{r}$，　(2) $\dfrac{1}{4\pi\varepsilon_0}\dfrac{e^2}{r^2}$，　(3) $\dfrac{h}{mv}$，　(4) $\left(\dfrac{h}{2\pi}\right)\dfrac{1}{mr}$，　(5) $\left(\dfrac{h}{2\pi}\right)^2\dfrac{4\pi\varepsilon_0}{e^2m}$，　(6) $\left(\dfrac{2\pi}{h}\right)\dfrac{e^2}{4\pi\varepsilon_0 c}$，(7) 137.

第 20 章

問 20.1 $0 < r < R : 0$,　$r > R : \dfrac{1}{4\pi\varepsilon_0}\dfrac{Q}{r^2}$.

問 20.2 $\dfrac{\sigma}{2\varepsilon_0}$.

問 20.3 $\mathrm{A} \sim \mathrm{B} : \dfrac{\sigma}{\varepsilon_0}$，　その他 : 0.

問 20.4 $\dfrac{\rho}{2\pi\varepsilon_0 r}$.

第 21 章

問 21.1 $2\,\mu$F のコンデンサー: 2 個のコンデンサーを直列に接続すればよい，　$16\,\mu$F のコンデンサー: 4 個のコンデンサーを並列に接続すればよい．

問 21.2 $\dfrac{Q^2d}{2\varepsilon_0S}$.

問 21.3 (1) $100\,\mu$C,　(2) 40 V.

問 21.4 (1) 4.0×10^{-9} C,　(2) 4.0×10^3 V/m.

問 21.5 (1) $\dfrac{Q}{\varepsilon_0S}$，　(2) $\dfrac{1}{2}\dfrac{Q^2}{\varepsilon_0S}x$，　(3) $\dfrac{1}{2}\dfrac{Q^2}{\varepsilon_0S}(x+\Delta x)$，　(4) $\dfrac{1}{2}\dfrac{Q^2}{\varepsilon_0S}$.

問 21.6 (1) (a) $q = q'$，　(b) A–P: $\dfrac{q}{\varepsilon_0S}x$, B–P: $\dfrac{q}{\varepsilon_0S}\{d-(x+t)\}$，　(c) $\dfrac{q}{\varepsilon_0S}(d-t)$，　(2) (a) $Q = Q'$，　(b) A–P: $\dfrac{Q}{\varepsilon_0S}x$, B–P: $\dfrac{Q}{\varepsilon_0S}\{d-(x+t)\}$，　(c) $Q = \varepsilon_0S\dfrac{V}{d-t}$.

問 21.7 $\varepsilon_0\dfrac{\sqrt{S}}{d}\{\sqrt{S}+(\varepsilon_{\mathrm{r}}-1)\ell\}$.

問 **21.8** $\dfrac{2\pi\varepsilon_0\ell}{\log(b/a)}$.

問 **21.9** (1) $\dfrac{q}{4\pi r_0^2}$,　(2) (a) $\dfrac{q}{4\pi\varepsilon_0}\left(\dfrac{1}{r_0}-\dfrac{1}{a}\right)$,　(b) $\dfrac{q}{4\pi\varepsilon_0}\left(\dfrac{1}{r_0}-\dfrac{1}{a}\right)$,　(c) $\dfrac{1}{4\pi\varepsilon_0}\dfrac{q}{r_0}$,　(3) (a) $4\pi\varepsilon_0\dfrac{ar_0}{a-r_0}$, (b) $4\pi\varepsilon_0\dfrac{ar_0}{a-r_0}$,　(c) $4\pi\varepsilon_0 r_0$.

第 22 章

問 **22.1** $\dfrac{1}{2}$倍.

問 **22.2** $\dfrac{\mu_0}{2\pi}\left(\dfrac{I_1}{R-a}-\dfrac{I_2}{R+a}\right)$.

問 **22.3** $8.82\times10^{-2}\,\mathrm{T}$,　$1.06\times10^{-4}\,\mathrm{Wb}$.

問 **22.4** $\dfrac{a^2I}{2(a^2+z^2)^{(3/2)}}$.

問 **22.5** $\dfrac{\mu_0 I}{2\pi x}$.

問 **22.6** $\dfrac{\mu_0 I}{2\pi x}$.

問 **22.7** ともに $1.0\times10^{-7}\,\mathrm{N}$.

問 **22.8** (1) 導体板に平行で，電流方向に対して垂直．(a) において上から下．　(2) (1) により ℓ_1 辺成分のみが経路積分において有効となる．したがって，ℓ_1 辺両辺に沿った磁場の大きさが等しいことがわかる．ℓ_2 の値は任意なので，平板外部の磁場の値は一定となる，　(3) 平板内部の磁場の大きさを H_{in}，平板外部の磁場の大きさを H_{out} とすると，$H_{\mathrm{in}}-H_{\mathrm{out}}=I$,　(4) $H_{\mathrm{in}}=I$, $H_{\mathrm{out}}=0$.

問 **22.9** (1) $\dfrac{a^2I}{(\sqrt{a^2+b^2})^3}$,　(2) $a=2b$.

第 23 章

問 **23.1** $V(t)=\omega LI_0\sin(\omega t)$.

問 **23.2** $0.015\,\mathrm{V}$.

問 **23.3** $\omega Bab\sin(\omega t)$.

問 **23.4** (1) $\dfrac{1}{2}(vt)^2$,　(2) Bv^2t,　(3) $\dfrac{Bv}{\sqrt{2}\rho}$,　(4) $\dfrac{(Bv)^2}{\rho}t$,　(5) $\dfrac{1}{\sqrt{2}}vt$,　(6) $\dfrac{\sqrt{2}B^2vL^2}{2\rho}$.

問 **23.5** (1) $F_y=mg\tan\theta$,　(2) $B\ell v\cos\theta$,　(3) $B=\dfrac{1}{\ell\cos\theta}\sqrt{\dfrac{mgR}{v}\sin\theta}$,　(4) FGDC に垂直.

問 **23.6** (1) $\dfrac{\mu_0\pi(ab)^2I_0}{2(\sqrt{a^2+d^2})^3}\sin(\omega t)$,　(2) $\left|\dfrac{\mu_0\pi\omega(ab)^2I_0}{2(\sqrt{a^2+d^2})^3}\cos(\omega t)\right|$.

問 **23.7** $\mu n_1n_2S_2\ell$.

問 **23.8** (1) コイル 1 に電流 I_1 を流すと，コイル 1 に生じる磁束 Φ_1，コイル 2 を通る磁束 Φ_{12} は，それぞれ，

$$\Phi_1=L_1I_1,\quad \Phi_{12}=MI_1\quad \therefore L_1=\frac{\Phi_1}{I_1},\quad M=\frac{\Phi_{12}}{I_1}$$

となる．ここで，$\Phi_1\geqq\Phi_{12}$ は明らかである．同様にコイル 2 に流す電流を I_2 とすると，

$$\Phi_2\geqq\Phi_{21},\quad \Phi_2=L_2I_2,\quad \Phi_{21}=MI_2\quad \therefore L_2=\frac{\Phi_2}{I_2},\quad M=\frac{\Phi_{21}}{I_2}$$

である．したがって，

$$L_1L_2=\frac{\Phi_1\Phi_2}{I_1I_2},\quad M^2=\frac{\Phi_{12}\Phi_{21}}{I_1I_2},\quad \Phi_1\Phi_2\geqq\Phi_{12}\Phi_{21}$$

なのだから，$L_1L_2 \geqq M^2$ であることがわかる，　(2) $k^2 = \dfrac{\mu}{\mu_0}\dfrac{S_2}{S_1}$.

第24章

問 24.1 電荷の速度を $\vec{v}$，空間の磁束密度を $\vec{B}$ とすると，$\vec{v} \times \vec{B} = 0$ であれば直進する．

問 24.2 半径が $\dfrac{m_e v_x}{eB}$ の円運動を xy 平面に対しては平行に行いながら，z 軸の正方向に z 軸に対して平行に速さ v_z で等速に上昇するらせん運動．

問 24.3 (1) $\vec{v} = \left(0, \dfrac{q}{m}Et, 0\right)$, $\vec{r} = \left(0, \dfrac{1}{2}\dfrac{q}{m}Et^2, 0\right)$,　(2) $\vec{v} = \left(0, v\cos\left(\dfrac{qB}{m}t\right), -v\sin\left(\dfrac{qB}{m}t\right)\right)$,
$\vec{r} = \left(0, \dfrac{mv}{qB}\sin\left(\dfrac{qB}{m}t\right), \dfrac{mv}{qB}\left\{\cos\left(\dfrac{qB}{m}t\right) - 1\right\}\right)$,　(3) $\vec{v} = \left(0, \dfrac{E}{B}\sin\left(\dfrac{qB}{m}t\right), \dfrac{E}{B}\left\{\cos\left(\dfrac{qB}{m}t\right) - 1\right\}\right)$,
$\vec{r} = \left(0, \dfrac{E}{B}\dfrac{m}{qB}\left\{1 - \cos\left(\dfrac{qB}{m}t\right)\right\}, \dfrac{E}{B}\left\{\dfrac{m}{qB}\sin\left(\dfrac{qB}{m}t\right) - t\right\}\right)$ にしたがった運動．

問 24.4 (1) 1.52×10^7 Hz,　(2) 1.12×10^{-14} J,　(3) $K = 1.92 \times 10^{-12}$ J, 171 回,　(4) 5.61×10^{-6} s.

第25章

問 25.1 $8R$.

問 25.2 $R_{\max} = 6R$, $R_{\min} = \dfrac{6}{11}R$.

問 25.3 $E = 12\,\mathrm{V}$, $r = 1.5\,\Omega$.

問 25.4 $I_1 = \dfrac{R_2(R_3 + R_4 + R_0) + R_4R_0}{(R_1 + R_2)(R_3 + R_4) + (R_1 + R_2 + R_3 + R_4)R_0}I$,
$I_4 = \dfrac{R_3(R_1 + R_2 + R_0) + R_1R_0}{(R_1 + R_2)(R_3 + R_4) + (R_1 + R_2 + R_3 + R_4)R_0}I$.

問 25.5 (1) 略,　(2) $\dfrac{6}{5}\dfrac{V}{R}$.

問 25.6 50 V, 6000 J

問 25.7 (1) nR, $\dfrac{V}{nR}$, $\dfrac{V^2}{n^2R}$,　(2) $\dfrac{R}{n}$, $\dfrac{nV}{R}$, $\dfrac{V^2}{R}$,　(3) $\dfrac{V}{nR + r}$, $\left(\dfrac{V}{nR + r}\right)^2 R$,　(4) $\dfrac{nV}{R + nr}$, $\left(\dfrac{V}{R + nr}\right)^2 R$

問 25.8 (1) $2R + r$,　(2) $2R + \dfrac{(2R + r)r}{(2R + r) + r} = \dfrac{4R^2 + 6Rr + r^2}{2(R + r)}$,　(3) $R_{n+1} = 2R + \dfrac{R_n r}{R_n + r}$,　(4) $R_\infty = R + \sqrt{R^2 + 2Rr}$.

問 25.9 (1) $I = \dfrac{(R_2 + R_3)I_1 - R_3I_2}{R_1 + R_2 + R_3}$,　(2) $R_{11} = \dfrac{R_1(R_2 + R_3)}{R_1 + R_2 + R_3}$, $R_{12} = -\dfrac{R_1R_3}{R_1 + R_2 + R_3}$, $R_{21} = \dfrac{R_1R_3}{R_1 + R_2 + R_3}$,
$R_{22} = -\dfrac{(R_1 + R_2)R_3}{R_1 + R_2 + R_3}$.

問 25.10 (1) $I = \dfrac{R_3I_2 - R_2I_3}{R_1 + R_2 + R_3}$,　(2) $R_3\dfrac{R_2I_1 - R_1I_2}{R_1 + R_2 + R_3}$, $R_1\dfrac{R_3I_2 - R_2I_3}{R_1 + R_2 + R_3}$,　(3) $r_1 = \dfrac{R_1R_2}{R_1 + R_2 + R_3}$,
$r_2 = \dfrac{R_2R_3}{R_1 + R_2 + R_3}$, $r_3 = \dfrac{R_3R_1}{R_1 + R_2 + R_3}$.

第26章

問 26.1 $V = I\Big/\sqrt{\dfrac{1}{R^2} + \left(2\pi fC - \dfrac{1}{2\pi fL}\right)^2}$.

問 26.2 $\omega L = \dfrac{1}{\omega C}$.

問 26.3 $\langle P \rangle = \dfrac{1}{T}\displaystyle\int_t^{t+T} V_0\cos(\omega t)\cdot I_0\cos(\omega t - \phi)\,dt = \dfrac{V_0I_0\cos\phi}{T}\int_t^{t+T}\cos^2(\omega t)dt$.

問 26.4 $I(t) = \dfrac{V}{R}\exp\left[-\dfrac{t}{RC}\right]$.

問 26.5 (1) $Z = 2R - i\dfrac{1}{\omega C}$,　(2) $Z = 2R + \dfrac{R/2 - i(R^2\omega C + 1/2\omega C)}{1 + (\omega RC)^2}$,　(3) $Z_{n+1} = 2R + \dfrac{1}{i\omega C + 1/Z_n}$,

(4) $Z_\infty = R + \sqrt{R^2 + \left(\dfrac{2R}{i\omega C}\right)}$.

第27章

問 27.1 略.

問 27.2 略.

問 27.3 $7.57 \times 10^{-8}\,\mathrm{s}$.

問 27.4 L/γ.

問 27.5 $u' = \dfrac{u - V}{1 - \frac{uV}{c^2}}$.

問 27.6 略.

問 27.7 エネルギーを展開すると,

$$
\begin{aligned}
E = \sqrt{(mc^2)^2 + (pc)^2} &= mc^2 \left\{1 + \left(\frac{pc}{mc^2}\right)^2\right\}^{\frac{1}{2}} \\
&= mc^2 \left\{1 + \frac{1}{2}\left(\frac{p}{mc}\right)^2 + \cdots\right\} \\
&= mc^2 + \frac{1}{2}\frac{p^2}{m} + \cdots
\end{aligned}
$$

となる．このときの第 2 項がニュートン力学の運動エネルギーである．

問 27.8 $p = \dfrac{(M^2 - m^2)c}{2M}$.

問 27.9 $1.8 \times 10^{14}\,[\mathrm{J}]$.

問 27.10 $\lambda' = \lambda + \dfrac{h}{mc^2}(1 - \cos\theta)$

索引

編者代表略歴

渡部隆史（わたなべたかし）
1991年　東京都立大学大学院理学研究科
　　　　物理学専攻（博士課程）修了
1994年　工学院大学専任講師
1999年　同大学助教授
2007年　同大学准教授
2008年　同大学教授
現在に至る．理学博士

物理学演習テキスト（ぶつりがくえんしゅう）

2001年4月10日　第1版　第1刷　発行
2002年4月10日　第2版　第1刷　発行
2004年4月20日　第3版　第1刷　発行
2006年4月20日　第4版　第1刷　発行
2008年4月20日　第5版　第1刷　発行
2010年3月30日　第5版　第2刷　発行
2012年4月20日　第6版　第1刷　発行
2022年3月30日　第6版　第7刷　発行

編　者　物理学演習テキスト
　　　　編　集　委　員　会
発行者　発田和子
発行所　株式会社　学術図書出版社

〒113－0033　東京都文京区本郷5丁目4－6
TEL 03－3811－0889　振替 00110－4－28454
印刷　三松堂（株）

定価はカバーに表示してあります．

ISBN978-4-7806-1120-5　C3042